洛伦兹航天器动力学与控制

黄煦　闫野　著

科学出版社

北京

内容简介

本书是飞行器动力学与控制领域的一本专著，介绍一种新概念航天器——洛伦兹航天器的姿轨动力学与控制问题，提出一套系统的洛伦兹航天器姿轨耦合/解耦控制方法。全书共5章，第1章综述洛伦兹航天器基本概念、关键技术与研究现状；第2章与第3章分别介绍洛伦兹航天器相对轨道状态反馈控制与输出反馈控制；第4章介绍洛伦兹航天器姿态控制；第5章介绍洛伦兹航天器姿轨一体化动力学及控制。

本书可供从事飞行器动力学与控制研究的科研人员和工程设计人员参考，也可作为高等院校飞行器动力学与控制相关专业研究生和高年级本科生的参考用书。

图书在版编目(CIP)数据

洛伦兹航天器动力学与控制 / 黄煦，闫野著．—北京：科学出版社，2020.6

ISBN 978-7-03-065394-9

Ⅰ．①洛… Ⅱ．①黄… ②闫… Ⅲ．①航天器－飞行力学②航天器－飞行控制 Ⅳ．①V412.4②V525

中国版本图书馆CIP数据核字(2020)第096368号

责任编辑：孙伯元 / 责任校对：王 瑞

责任印制：吴兆东 / 封面设计：蓝正设计

科学出版社 出版

北京东黄城根北街16号

邮政编码：100717

http://www.sciencep.com

北京中石油彩色印刷有限责任公司 印刷

科学出版社发行 各地新华书店经销

*

2020年6月第 一 版 开本：720×1000 B5

2020年6月第一次印刷 印张：7 3/4

字数：151 000

定价：98.00元

(如有印装质量问题，我社负责调换)

前　言

洛伦兹航天器通过表面带电的方式与空间磁场作用产生洛伦兹力和洛伦兹力矩，用以进行无推进工质消耗的姿轨机动控制，如轨道修正、编队重构和消旋控制等。空间洛伦兹力和洛伦兹力矩的应用，可显著减少推进工作消耗，提升机动能力，延长工作寿命。根据洛伦兹力的产生机理，洛伦兹力的作用方向始终与当地磁场方向垂直，因而洛伦兹力具有瞬时欠驱动特性，由洛伦兹力推进的航天器轨道动力系统为瞬时欠驱动控制系统。同理，洛伦兹力矩也具有瞬时欠驱动特性，由洛伦兹力矩驱动的航天器姿态动力学系统也为瞬时欠驱动控制系统。同时，洛伦兹航天器的姿轨运动具有强非线性、强耦合性的特点。因此，洛伦兹航天器的应用面临欠驱动、强非线性以及强耦合性等理论问题。

本书以洛伦兹航天器为研究对象，根据洛伦兹力与洛伦兹力矩的作用方向特性，深入研究其姿轨动力学与控制问题，形成一套系统的洛伦兹航天器姿轨耦合/解耦控制方法。全书共 5 章。第 1 章介绍洛伦兹航天器基本概念与关键技术，综述其研究现状。第 2 章以航天器悬停、编队和交会为任务背景，研究洛伦兹航天器相对轨道状态反馈控制问题。第 3 章在状态反馈控制研究的基础上，进一步设计缺失相对速度测量条件下的洛伦兹航天器相对轨道输出反馈控制方案。第 4 章提出一种由洛伦兹力矩与地磁力矩联合驱动的洛伦兹航天器姿态控制系统，设计洛伦兹航天器最优姿态控制律及混合力矩的最优分配律，给出洛伦兹航天器姿轨运动解耦控制策略。第 5 章综合研究洛伦兹航天器姿轨一体化动力学与控制问题，设计洛伦兹航天器姿轨耦合控制方案。

作者衷心感谢中国博士后科学基金(2019M660667)和湖南省自然科学基金(2017JJ2302)的资助。由于作者水平有限，书中不足之处在所难免，敬请读者批评指正。

前言

目　录

第1章 绪　论

1.1 洛伦兹航天器基本概念

由于空间的特殊真空环境，采用化学推进的传统航天器往往通过高速喷射工质获得反作用力，实现机动飞行。传统航天器机动能力受推进工质质量制约，航天器任务寿命通常取决于工质储备[1]。当推进工质消耗殆尽时，航天器基本丧失机动能力。为实现长期持续的空间机动飞行，新型无推进工质消耗的动力方式成为新的研究热点。实际上，空间并不是“空”的，空间中的磁场、太阳光压、稀薄大气等都是可利用的空间物理资源。相较于航天器寿命，这些空间物理资源往往可以认为是“无限”的。若能借助地磁场等空间物理资源来提供推力，航天器的机动寿命可大大延长，不再受限于推进工质的储备。空间物理资源利用的研究意义与实用价值不言而喻。目前，无工质消耗的推进方式主要包括洛伦兹航天器、库仑航天器以及太阳帆航天器等。

电荷 Q 在磁场 $\boldsymbol{B}$ 中运动时受到洛伦兹力 $\boldsymbol{F}_{\mathrm{L}}$ 作用，即 $\boldsymbol{F}_{\mathrm{L}}=Q\boldsymbol{V}_{\mathrm{r}}\times\boldsymbol{B}$，其中，$\boldsymbol{V}_{\mathrm{r}}$ 为电荷与磁场的相对速度[2]。空间中存在许多经典的洛伦兹力现象，如木星、土星等行星轨道上带电微粒的运动[3,4]。Schaffer 和 Burns[5]详细分析了空间带电微粒的轨道动力学问题，建立了行星周围带电微粒在洛伦兹力作用下的轨道运动模型[6]，并利用所建模型描述了行星周围带电微粒受洛伦兹力影响的轨道演化规律，揭示了土星及其周围神秘光环的形成机理[7]。受到上述物理现象的启发，Peck[8]提出了洛伦兹航天器的概念。

洛伦兹航天器通过主动使自身表面带电的方式与空间磁场相互作用产生洛伦兹力，进行无推进工质消耗的姿轨机动。影响洛伦兹力推进效率的关键因素为洛伦兹航天器的荷质比，即航天器净带电量与质量的比值[9]。在自然环境中，由于空间等离子体的作用，航天器的荷质比可达 10^{-8} C/kg，但该充电水平不足以对航天器原有轨道产生明显的摄动作用[10]。实际上，在低轨环境中，若以洛伦兹力进行轨道机动，至少需要 10^{-5} C/kg 的荷质比[11]。

根据洛伦兹力产生机理，在每个瞬时，洛伦兹力的作用方向与当地磁场方向以及航天器和当地磁场的相对速度方向垂直。因此，洛伦兹力作用方向具有瞬时欠驱动的特点，并且由洛伦兹力单独驱动的轨道动力学系统为瞬时欠驱动控制系统。虽然洛伦兹力的瞬时欠驱动特性增加了其控制设计难度，但洛伦兹航天器仍可应用于一系列空间任务，如航天器编队、摄动补偿、行星轨道捕获与逃逸等。不同空间任务所需的荷质比等级不同，图 1.1 为不同轨道机动任务所需航天器荷质比[12,13]。近期内可实现的洛伦兹航天器荷质比为 $10^{-3}\sim10^{-2}$C/kg 数量级[14]，最大值约为 0.03C/kg[8]。

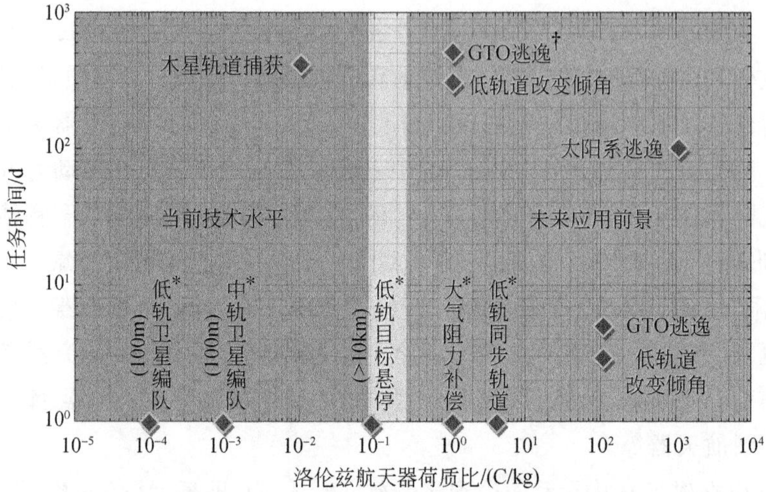

图 1.1　不同轨道机动任务所需航天器荷质比

* 该任何无任务历时限制；† 静止转移轨道(geostationary transter orbit，GTO)

近地空间磁场主要是起源于地球内部的地磁场，其分布近似为磁偶极子。磁场强度随其地心距离的三次方向外递减，低地球轨道(low Earth orbit，LEO)(轨道高度为 100～2000km)的磁场强度比高轨道(轨道高度大于 20000km)强得多[15]。同时，低轨航天器飞行速度更快。因此，在近地空间中，洛伦兹航天器在低轨应用效率更高[11]。需要指出的是，在地球静止轨道(geostationary Earth orbit，GEO)上，航天器与地磁场相对速度为零，无法产生洛伦兹力，因而洛伦兹航天器不适用于 GEO[11]。

此外，与库仑航天器、太阳帆航天器这两类无工质消耗的航天器相比，洛伦兹航天器在低轨环境中应用价值更高。库仑航天器利用带电航天器之间的库仑力进行航天器姿轨控制。库仑力的大小与航天器之间的相对距离有关，当其相对距离 $d>2\lambda_d$(λ_d 为德拜长度，物理学中用其描述等离子体对库仑力的屏蔽效应)时，库仑力可忽略不计[16]。不同轨道高度的德拜长度 λ_d 范围如表 1.1 所示[16]。在低轨道，德拜长度为厘米量级；在地球同步轨道，德拜长度量级为几百至几千米，因此库仑航天器更适用于高轨近距空间任务，几乎无法应用于低轨空间任务。同时，在低轨环境中，太阳帆航天器的太阳光压摄动力过小，一般仅为 10^{-8} 量级，很难在低轨机动任务中实现应用[17]。

表 1.1 不同轨道高度的德拜长度 λ_d 范围[16]

轨道	λ_d范围/m
低轨道的等离子环境	[0.02,0.4]
地球静止轨道的等离子环境	[142, 1496]
深空中的等离子环境	[7.4, 24]

洛伦兹航天器也可应用于深空探测任务。以地球公转轨道半径和地磁场磁矩值为单位，表 1.2 列出太阳系各行星周围的磁场环境[18]。可见，木星周围的磁场最强，大约为地磁场强度的 2 万倍。相较于其他六大行星，火星和金星的磁场非常微弱，绕火星和金星轨道的航天器不适合采用洛伦兹力推进方式[18]。此外，仅有土星的磁轴与其自转轴重合。水星、地球以及木星的磁轴倾角均在10°左右，且天王星的磁轴倾角最大。因此，单就磁场强度而言，在太阳系范围内，木星周围的洛伦兹航天器应用效率最高。

表 1.2 太阳系各行星周围的磁场环境[18]

行星	公转轨道半径/ua	相对磁矩值	磁轴倾角/(°)
水星	0.39	4×10^{-4}	14
金星	0.72	≈0	—
地球	1	1	11.3
火星	1.52	≈0	—
木星	5.20	1.8×10^{4}	9.6
土星	9.54	580	0.0
天王星	19.2	50	58.6
海王星	30.1	24	46.8

1.2 洛伦兹航天器关键技术

实现洛伦兹航天器的技术难点主要分为两类：一类是理论设计难点，包括洛伦兹航天器姿轨运动的欠驱动、强耦合性以及强非线性等问题；另一类是硬件设计难点，包括电荷产生装置、电荷存储装置、电源系统以及导体材料等[8]。相应地，理论关键技术为空间电磁力与电磁力矩解耦/耦合控制技术，应用关键技术为航天器充放电技术。

1.2.1 空间电磁力与电磁力矩解耦/耦合控制技术

图 1.2 为三轴正交构形洛伦兹航天器，六个导体球分别安装在三根相互垂直的刚性连杆两端。当导体球在磁场中飞行时，受到洛伦兹力作用，在航天器质心处产生洛伦兹力矩，用以进行无推进工质消耗的姿态机动。同理，由于洛伦兹力作用方向特性，洛伦兹力矩的作用方向也同样具有瞬时欠驱动的特点，由洛伦兹力矩单独驱动的姿态动力学系统也属于瞬时欠驱动控制系统。

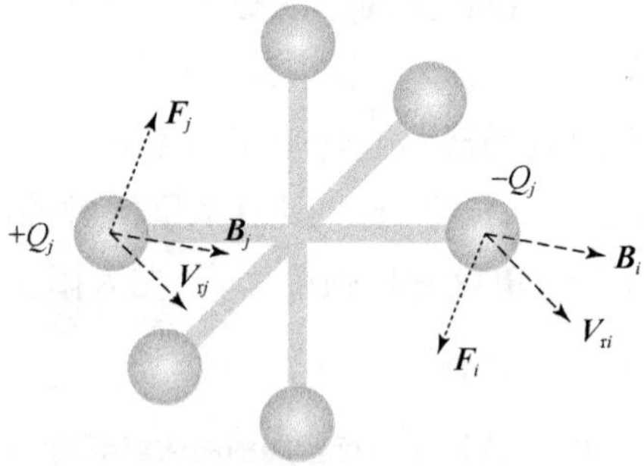

图 1.2 洛伦兹航天器姿态控制原理示意图

Q 电量；$\boldsymbol{B}$ 地磁场；$\boldsymbol{V}_r$ 导体球质心与地磁场相对速度；$\boldsymbol{F}=Q\boldsymbol{V}_r\times\boldsymbol{B}$ 洛伦兹力

由上述姿态控制原理易得，对导体球充电时，会同时产生洛伦兹力与洛伦兹力矩。由于洛伦兹力和洛伦兹力矩均与航天器位置、速度相关，因此洛伦兹航天器的姿轨运动的一个显著特点是强耦合性。在单独进行姿态机动时，若航天器受到的洛伦兹合力不为零，则原轨道运动将受到影响；同理，在单独进行轨道机动时，若航天器受到的洛伦兹合力矩不为零，则原姿态运动也将受到影响。因此，如何设计充电策略，使得姿态机动时保持原有轨道不受摄动影响或者轨道机动时保持原有姿态不受影响，是洛伦兹航天器姿态控制或者轨道控制的前提。

洛伦兹航天器姿轨运动的另一个显著特点为强非线性。除姿轨运动自身的强非线性外，在姿轨控制设计过程中，同时存在非线性洛伦兹力或洛伦兹力矩近似误差、输入饱和、系统非线性不确定性以及外部扰动等非线性控制问题。首先，地磁场预报模型不可避免地存在近似误差，对应计算得到的洛伦兹力或洛伦兹力矩也存在非线性近似误差；其次，输入饱和是实际控制器不可避免的物理约束，且目前所能达到的洛伦兹航天器荷质比存在技术上限，在设计姿轨控制系统时需考虑输入饱和约束；最后，实际空间环境中不可避免地存在摄动力以及摄动力矩，并且各类不确定扰动因素的上界难以精确确定，在控制系统建模时存在非线性不确定建模误差。因此，如何在上述各类因素条件下，实现非线性系统稳定控制，满足姿轨机动的快速性、高精度以及鲁棒性等要求，是洛伦兹航天器姿态控制或轨道控制的一个重难点。

此外，洛伦兹航天器姿轨控制设计的另一个重难点为洛伦兹力和洛伦兹力矩的瞬时欠驱动问题。欠驱动控制系统可定义为控制输入维数小于系统自由度的系统[19]。引起系统欠驱动的原因通常可分为三类[20,21]。

(1)系统自身的欠驱动动力学特性。

(2)人为地减少控制器数目以减轻结构质量、控制能耗以及降低制造成本等。

(3)控制器故障失效。

显然，洛伦兹航天器姿轨运动的欠驱动特性源于物理产生机理，属于系统自身动力学特性。通常，欠驱动控制系统模型为非完整约束方程。由于系统的非完整约束，欠驱动控制系统往往是不能全状态严密反馈线性化的[19]。因此，光滑的静态或动态反馈控制律难以实现欠驱动控制系统的渐近稳定[19]。相反，欠驱动控制系统的控制律往往是非光滑的[19]。例如，地磁力矩也是航天器姿态稳定控制中常用的一类空间电磁力矩。在航天器上安装三个相互垂直的磁感线圈，线圈回路电流与地磁场作用产生地磁力矩，可用于章动阻尼、消旋以及动量调节等[22]。同理，根据地磁力矩的物理产生机理，在每个瞬时，地磁力矩均作用于与当地磁场相垂直的方向。因此，地磁力矩也属于瞬时欠驱动力矩，由地磁力矩驱动的姿态控制系统也是瞬时欠驱动控制系统。根据上述欠驱动控制律的非光滑特点，地磁力矩器的控制输入(线圈磁矩)往往也是非光滑的[23-45]。类比到洛伦兹力矩，由于类似的瞬时欠驱动特性，单独由洛伦兹力矩驱动的姿态稳定控制律往往也存在非光滑、抖振频率高以及电荷极性切换频繁的问题。因此，如何解决欠驱动问题，实现光滑控制，提高实际控制系统的可实现性，是洛伦兹航天器姿态控制或轨道控制的另一个重难点。

综上，由洛伦兹力驱动的轨道动力学系统以及由洛伦兹力矩驱动的姿态动力学系统均属于非线性欠驱动控制系统，洛伦兹航天器姿轨控制设计的重难点包括欠驱动、强耦合性以及强非线性等问题。因此，为实现洛伦兹航天器空间姿轨机动应用，在控制理论方面需发展空间电磁力与电磁力矩解耦/耦合控制技术。

1.2.2 航天器充放电技术

当空间飞行器穿越空间等离子体和高能带电粒子环境时，其材料、电子分系统会与环境发生相互作用，引起被动充电效应[16]。若航天器带有正的或者负的净电荷量，则称航天器带电[46]。对于导电的航天器，电荷分布在其表面，这种带电情况称为表面带电，产生表面带电的电子或离子能量为几十千电子伏[46]。当空间中的电子和离子能量达到兆电子伏或者更高量级时，这些高能粒子可穿透进入航天器内部，这种带电情况称为内部带电[46,47]。内部带电与表面带电类似，但它们不同的是，航天器外表面几乎没有电路会直接暴露在充放电环境中[47]，表面放电并非直接作用于航天器内部电路，并且表面放电的能量进入航天器内部时会减弱，对航天器内部设备的影响较小[47]。相反，在航天器内部电子和离子积累产生的强电场会引起对附近电路的静电放电，直接对航天器内部电路造成威胁[47]。可见，充电效应对航天器的危害主要包括对星载电子仪器的损伤以及对科学测量的干扰，如电源、导航、通信等分系统的中断或破坏等[46,47]。为避免此类危害，需对航天器的电位差进行主动控制[16]。通常，可使用不同极性的粒子流进行充放电控制[48]。美国于1979年进行了在轨主动充放电实验，使用最大电流13mA、最大电压13kV的电子枪对高轨充放电航天器(spacecraft charging at high altitudes，SCATHA)进行了充放电操作[48]。实验结果表明：一般情况下，采用0.01mA的高能电子流可将SCATHA充电至10V，当充电电流达到最大值13mA时，其电压可达到4kV。同理，当采用能量在1～2keV的正离子束对航天器充电时，其电压可达到0.1～0.3kV[48]。

自然带电条件下，地球同步轨道及其附近是最容易发生航天器带电的区域[46,47]。虽然该区域的等离子体密度较低，但能量很高，典型的充电电位可达到几百甚至几千伏[46]。相反，低地球轨道处的等离子体密度较高，但能量较低，通常仅为0.1eV。因此，一般情况下，该区域的自然充电水平对航天器影响不大[46]。但是，一些高纬度地区(60°～70°)，容易发生极光现象，即高能电子以束状形式向下沉积，因此也可使低轨道航天器被充电至几百千伏[46]。

近年来，航天器充放电的研究与分析得到长足发展。除传统的航天器表面充电效应外，航天器内部充电效应越来越受到重视。同时，随着库仑航天器、洛伦兹航天器等新概念航天器的出现，航天器充放电领域的研究已从以往的被动消除充放电效应向主动利用航天器充电过渡与转变[10]。目前，航天器充放电技术主要面临四大挑战[49]。

(1)航天器材料的动态特性复杂且难以精确测量，如表面阻抗、二次放电效应、光电效应等。

(2)空间环境复杂，航天器动态充电模型建模难度大。

(3)电弧会对太阳能电池板表面造成损伤，因此，对新型放电技术的要求日益凸显。

(4)复杂航天任务带来的新技术与能量要求。

洛伦兹航天器是主动带电方式的一类重要应用。现有洛伦兹航天器总体设计方案主要分为两类，即导体球方案与超级电容方案。Peck[8]提出了一种如图1.3(a)所示的导体球洛伦兹航天器总体设计方案。该方案将等离子体接触器与导体球相连，等离子体接触器通过向外喷射电子的方式与周围等离子体环境相互作用，将正电荷存储在球形导体表面。球形导体表面可有效避免电荷集中，降低了与空间等离子体作用产生电弧以及放电的风险。更为重要的是，将航天器主体部分置于导体球面内，形成的法拉第笼有效隔绝外部电场，从而保护星上电子设备，减小航天器充放电对电子设备造成的影响。此外，球形导体由可膨胀的透明导电薄膜制成，太阳光可透射进球面内部，对太阳能电池板充电，提供星上能源。Streetman和Peck[50]提出了另一种如图1.3(b)所示的超级电容洛伦兹航天器总体设计方案。该方案中利用星上太阳能电池板对柱形电容进行充电。两导体平面分别与星上电源正负极相连，进而在导体平面之间形成电势差。两导体平面暴露在等离子体环境中，其中，正极吸引高速运动的电子，负极吸引运动速度很小的离子(如O^+)，电子流与离子流间的不平衡导致负极电荷聚集，而正极在等离子体环境中的电势几乎为零。因此，保持负极电荷可使得航天器表面带电。

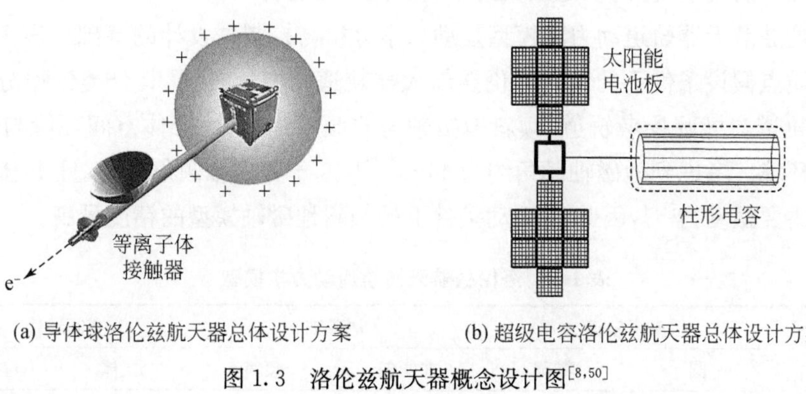

(a) 导体球洛伦兹航天器总体设计方案　　(b) 超级电容洛伦兹航天器总体设计方案

图1.3　洛伦兹航天器概念设计图[8,50]

综上，如何在复杂空间等离子体环境中实现航天器精确充放电以保证精确的荷质比控制输入，是洛伦兹航天器空间任务成功的关键因素。为保证洛伦兹航天器的可实现性，需完善航天器充放电技术，包括高精度空间等离子体环境建模技术、电荷产生与存储装置设计、电磁兼容设计、新材料研发等一系列前沿工程技术。其中，高精度空间等离子体环境建模技术主要研究航天器表面和材料与空间等离子体环境的相互作用机理，以及对空间等离子体环境的高精度预报，包括太阳风、磁层、电离层等[46,47]。电荷产生与存储装置设计主要研究航天器表面充电与放电系统，包括电源系统、等离子体接触器、电子枪以及超级电容等[8,50]。电磁兼容设计主要研究充放电装置对其他电子元器件的影响，保证通信、导航等系统的正常工作[49]。同时，洛伦兹航天器的实现也依赖新材料研发的可实现性，具体性能要求包括抗压抗拉强度、抗疲劳性、导电性以及对温差的适应性等[8]。

1.3 洛伦兹航天器研究现状

当前有关洛伦兹航天器的理论研究主要集中于洛伦兹航天器姿轨动力学与控制，其中以基于带电质点假设的轨道理论研究为主，姿态理论研究尚处于起步阶段。

1.3.1 轨道动力学与控制

洛伦兹航天器轨道理论研究主要分为绝对轨道与相对轨道两部分。绝对轨道控制任务包括大气阻力补偿、J_2摄动补偿以及改变轨道倾角等，相对轨道控制任务包括悬停、交会以及编队等。如图 1.1 所示，绝对轨道控制任务对荷质比的要求较高。近期可实现的荷质比为 10^{-2}C/kg 数量级，该充电水平可满足绝大多数相对轨道控制任务的要求，但尚不足以支持绝对轨道控制任务。

洛伦兹航天器轨道动力学模型是动力学分析与控制器设计的基础。表 1.3 总结带电质点假设条件下的现有洛伦兹航天器轨道动力学模型，其分类依据分别为圆参考轨道与椭圆参考轨道、倾斜地磁轴与非倾斜地磁轴、二体空间环境与 J_2摄动空间环境。考虑到地磁轴倾角约为 11.3°[51]，属于大磁轴倾角范畴，且 J_2摄动为低轨道主要摄动力[52]，因此 J_2摄动条件下的倾斜地磁轴模型的精度最高。

表 1.3 洛伦兹航天器轨道动力学模型

类别	参考轨道		地磁轴		空间环境	
	圆	椭圆	非倾斜	倾斜	二体	J_2摄动
绝对轨道	[11,52,53]	[11,52,53]	[53]	[11,52]	[11,53]	[52]
相对轨道	[51,52,59]	[52,59]	[51,59]	[51,52]	[51,59]	[52]

基于表1.3中的各类洛伦兹航天器绝对轨道动力学模型，现有研究提出一系列洛伦兹航天器绝对轨道控制方法。假设洛伦兹航天器为带电质点，Streetman和Peck[53]推导了洛伦兹力作用下各轨道根数的变化律，并设计了新型低轨同步轨道。基于相同假设条件，Pollock等[11]将洛伦兹力引入高斯摄动方程，并解析推导了各轨道根数的变化律及其相互之间的耦合关系，设计了低轨道洛伦兹航天器轨道倾角控制策略。同时，Pollock等[54]分析了洛伦兹航天器轨道对地面的侦查覆盖性能。除上述低地球轨道应用外，洛伦兹航天器还可应用于深空探测任务。基于深空探测轨道运动方程，Atchison和Peck[55]设计了洛伦兹航天器木星轨道捕获控制策略。同理，Streetman和Peck[56]设计了深空探测任务中洛伦兹航天器引力助推方案。此外，Gangestad等[1]分析了洛伦兹航天器三体问题，并将其应用到土星卫星探测任务。同时，Gangestad等[9,14]将洛伦兹力引入Lagrange摄动方程，并设计了洛伦兹航天器行星轨道捕获与逃逸控制方案。

考虑到近期可实现的荷质比数量级，洛伦兹航天器相对轨道动力学与控制得到了更为广泛的研究关注。笛卡儿坐标系中常用的圆轨道和椭圆轨道航天器相对运动模型分别为Hill-Clohessy-Wiltshire(HCW)方程[57]和Tschauner-Hempel(TH)方程[58]。基于带电质点假设，Pollock等[51]将洛伦兹力引入HCW方程，建立了圆轨道洛伦兹航天器相对运动模型，并解析推导了相对运动方程近似解。基于此，Pollock等[51]设计了圆轨道洛伦兹航天器交会控制方案。Yamakawa等[59]将洛伦兹力引入TH方程，建立了椭圆轨道洛伦兹航天器相对运动模型，并基于此设计了椭圆轨道洛伦兹航天器相对轨道转移控制策略。同理，Tsujii等[60]基于相同模型采用序列二次规划算法求解了相对轨道转移最优控制律，并设计了恒定带电模式下的洛伦兹航天器周期性相对轨道。除上述笛卡儿坐标系描述外，航天器相对运动模型的另一类表述方法为轨道要素描述法[61-63]。基于相对轨道要素描述的航天器相对运动方程，Sobiesiak和Damaren[64]分析了洛伦兹力作用下相对轨道动力学系统的能控性，结果表明，由于洛伦兹力的瞬时欠驱动特性，一般条件下，由洛伦兹力单独驱动的相对轨道动力学系统非完全可控。基于该结论，Sobiesiak和Damaren[65,66]设计了洛伦兹力与脉冲推力混合作用下的相对轨道最优控制律。同理，彭超和高扬[3,6]基于相对轨道要素法设计了J_2时不变洛伦兹航天器相对轨道以及对应的编队重构策略。

可见，现有洛伦兹航天器轨道控制分为开环控制方法和闭环控制方法两类。开环控制方法主要基于序贯二次规划、高斯伪谱法等数值优化方法求解最优控制轨迹；闭环控制方法主要采用小推力器与洛伦兹力作为混合动力，使得原欠驱动控制系统变为全驱动控制系统，进而基于常规全驱动控制系统控制方法进行控制器设计。综上所述，现有洛伦兹航天器绝对轨道与相对轨道控制方案多集中于开环控制方法，对各类外部扰动、系统参数不确定等摄动条件下的闭环控制方法研究很少。同时，现有轨道控制策略多为全状态反馈，不适用于缺失速度测量信息的工况。

1.3.2 姿态动力学与控制

相较于轨道动力学与控制研究，有关洛伦兹航天器姿态动力学与控制的研究较少。

假设洛伦兹航天器为圆柱体且外表面均匀带电，Abdel- Aziz 等[68-70]分析了此类洛伦兹航天器姿态运动的稳定性。不同于上述设计，Yamakawa 等[71]提出了另一类哑铃形的洛伦兹航天器，其中，两导体球通过绝缘刚性杆连接，在轨运行时两导体球受到的洛伦兹力在质心处形成洛伦兹力矩，通过调节导体球的带电量可调节洛伦兹力矩，进行航天器姿态控制。基于该设计，Yamakawa 等[71]进一步分析了该航天器在赤道圆轨道上运行时俯仰运动的稳定性，并采用相平面分析法设计了俯仰运动控制律。与上述单轴构形不同，Giri 和 Sinha[72]提出了三轴正交构形洛伦兹航天器。如图 1.2 所示，六个导体球分别安装在三根相互垂直的刚性连杆两端，在轨运行时各导体球受到洛伦兹力作用，在航天器质心处产生洛伦兹力矩。基于该构形，Giri 和 Sinha[72]建立了该类洛伦兹航天器的姿态动力学模型，并基于扰动理论和平均方法设计了该类航天器对地定向姿态稳定控制策略[73,74]。

可见，当前以姿态控制为目的提出的洛伦兹航天器构形主要有圆柱形、哑铃形以及三轴正交构形，其中，姿态控制工作原理最明晰且实用性最强的为三轴正交构形。因此，本书在进行洛伦兹航天器姿态控制理论研究时，以三轴正交构形洛伦兹航天器为研究对象。首先，三轴正交构形洛伦兹航天器姿态理论研究尚处于起步阶段，现有姿态控制方法多针对圆参考轨道设计且忽略了姿轨耦合影响，即未考虑姿态机动时的轨道运动解耦问题。其次，由于洛伦兹力矩的欠驱动特性，现有姿态控制策略仅可应用于对地定向的三轴姿态稳定控制任务，无法满足任意姿态的跟踪控制任务要求。再次，现有洛伦兹航天器姿态控制器存在抖振频率高的问题，过高的切换频率增加了姿态控制系统物理实现的难度，也缩短了电子器件的工作寿命，甚至会引起系统未建模的高频振荡。最后，现有控制策略均针对轨道机动或姿态机动任务单独设计，未考虑洛伦兹航天器姿轨一体化控制问题。

1.3.3 滑模控制理论与航天器姿轨控制应用

本书采用的非线性控制方法主要为滑模控制(sliding mode control, SMC)方法。滑模控制方法是一类非线性变结构控制方法,其系统的结构并不固定,而是按照系统当前状态有目的地变化,使得系统轨迹始终处于预定的滑模面上[75-80]。由于滑模面的选取与系统未知参数以及外部扰动无关,因此滑模控制方法具有对参数变化以及匹配性外部扰动不敏感、无须系统在线辨识以及鲁棒性强等优势[75-80]。

滑模控制过程一般分为两个阶段,即到达阶段与滑模阶段[75-80]。在到达阶段,滑模控制律迫使系统轨迹在有限时间内到达滑模面[75-80]。到达滑模面后,由于切换控制的作用,系统轨迹始终保持在滑模面上,称为滑模阶段[75-80]。在滑模阶段,系统轨迹将沿着滑模面收敛至平衡点[75-80]。

滑模面的设计决定了系统轨迹收敛至平衡点的收敛特性。对于线性滑模控制(linear SMC, LSMC),系统状态及其导数之间的线性关系决定了系统轨迹将渐近收敛至平衡点。为了改善收敛特性,使得系统状态在有限时间收敛至平衡点,提出了终端滑模控制(terminal SMC, TSMC)方法[78]。传统 TSMC 存在奇异性以及收敛速度慢两类问题。为解决奇异性,Feng 等[81]提出了非奇异终端滑模控制(nonsingular TSMC, NTSMC)方法;为提高收敛速度,Yu 和 Man[82]提出了快速终端滑模控制(fast TSMC, FTSMC)方法。此外,Zou 等[83]提出的快速非奇异终端滑模控制(fast nonsingular TSMC, FNTSMC)方法可同时解决以上两类问题。上述滑模控制方法均存在到达阶段与滑模阶段。但是,滑模控制方法的强鲁棒性体现在其滑模运动上,即只有当系统轨迹位于滑模面上时,才具有对参数变化以及外部扰动不敏感的特性。相反,在到达阶段,系统并不具备该控制性能优势。因此,为省去到达阶段,使得滑模运动从初始时刻即开始,已有研究进一步提出了积分滑模控制(integral SMC, ISMC)[84,85]方法和全局滑模控制(global SMC, GSMC)[86]方法,二者均可保证整个控制过程中的滑模运动。

滑模控制的不敏感性优势得益于其类似于开关特性的切换控制[75-80]。在理想条件下,一旦系统轨迹到达滑模面,则系统轨迹将精确地沿着滑模面运动直至收敛至平衡点。但是,实际过程中,由于系统惯性、时滞以及控制受限等因素,系统轨迹并不能完全沿着滑模面运动,而是在滑模面两侧来回穿越,形成一条锯齿状的轨迹,即抖振现象[75-80]。抖振问题是滑模控制最主要的问题,抖振影响系统的控制精度,增加控制能耗,高频抖振容易引起系统未建模的高频振荡,甚至可能导致系统失稳[75-80]。削弱抖振的常用方法为边界层法[87,88]。该方法采用饱和函数替换切换控制中的符号函数，因而在边界层外，系统仍符合理想滑模特性，但在边界层内变成高增益反馈控制[87,88]。因此，系统轨迹将收敛至边界层内，而非理想地始终处于滑模面。尽管如此，若边界层厚度较薄，则实际控制精度可满足要求。显然，边界层厚度越薄，饱和函数越接近符号函数，控制精度越高。但是，若边界层厚度取得过薄，又会重新出现抖振现象[87,88]。因此，边界层厚度的选取应在保证控制精度的同时削弱抖振。其他削弱抖振的方法包括滤波法、扰动观测器法及遗传算法优化法等[75]。在滤波法中设计低通滤波器抑制切换控制中的高频信号，可有效地削弱抖振[75]；在扰动观测器法中设计扰动观测器对外部扰动及不确定性进行估计并补偿，可达到削弱抖振的目的[75]；在遗传算法优化法中根据系统状态实时进行控制增益优化以减小切换控制幅值，同样可以削弱抖振[75]。

滑模控制方法可灵活地与其他控制方法相结合，充分利用不同控制方法的优势，实现综合性能。例如，自适应滑模控制方法可处理参数不确定以及时变控制参数的控制问题[75-80]。智能滑模控制方法利用神经网络或模糊系统对系统中的不确定项进行逼近并予以控制补偿，同时根据系统状态实时优化控制增益，实现了高精度、强鲁棒性等性能要求[75-80]。

因为对系统参数变化以及外部扰动不敏感，滑模控制在航天器姿轨控制中得到了广泛应用[89-111]。例如，在姿态控制中，冉德超等[98]基于神经网络与 LSMC 方法设计了小卫星姿态渐近稳定控制器。为提高姿态控制系统的收敛速度、抗干扰能力以及抖振抑制能力，冉德超等[100]综合自适应控制、TSMC 以及容错控制方法对姿态控制律进一步改进，满足了快速性、鲁棒性以及高精度等指标要求。除上述全驱动姿态控制外，滑模控制方法还可应用于欠驱动航天器姿态控制。例如，马广富等[91]基于广义逆和二阶滑模控制方法设计了欠驱动航天器姿态调节控制律，实现了闭环姿态控制系统的有界稳定。针对类似的问题，王冬霞等[92]基于分层滑模控制方法，实现了闭环欠驱动姿态控制系统的渐近稳定。上述全驱动或欠驱动姿态控制方法均针对单个航天器，实际上，滑模控制方法还可应用于集群航天器姿态协同控制。Zhao 和 Jia[101,102]联合神经网络与 FNTSMC 方法解决了未知外部扰动、系统参数不确定条件下的集群航天器姿态协同控制问题。进一步考虑星间通信时延、控制器故障以及输入饱和等因素，Wu 等[103,104]改善了滑模姿态协同控制器的性能。

在轨道控制中，Liu 和 Li[105]基于 TSMC 方法设计了相对轨道控制器，实现了有界扰动下的相对轨道有限时间稳定控制。为进一步提高控制精度，Cao 等[107]对现有 SMC 方法进行改进，并应用于航天器编队控制，实现了高精度的编队重构与保持。为了避免相对轨道机动过程中的航天器碰撞,Feng 等[108]和冯丽程等[109]联合人工势函数与 TSMC 方法设计了相对轨道控制器,可有效规避动态障碍,满足相对轨道机动安全性要求。同样,滑模控制方法可应用于集群航天器相对轨道协同控制。例如,考虑有限时间稳定要求,Ran 等[110]基于 FTSMC 方法设计了多航天器编队相对轨道协同控制律。进一步考虑输入饱和、参数不确定等问题,Wu 等[111]基于自适应 SMC 方法设计了六自由度姿轨协同控制器。

1.4 本书内容

本书以洛伦兹航天器为研究对象,主要研究洛伦兹航天器理论关键技术,即空间电磁力与电磁力矩解耦/耦合控制技术,重点研究其姿轨动力学与控制理论,并应用于典型空间任务,如编队、悬停、交会等,进而总结归纳出一类由空间电磁力与电磁力矩驱动的航天器姿轨控制方法。本书分为轨道、姿态以及姿轨一体化三个部分,具体研究内容介绍如下。

第 1 章绪论,综述洛伦兹航天器的基本概念、关键技术以及研究现状,总结了洛伦兹航天器理论研究中的重难点,指出现有研究中存在的不足,并针对性地对研究内容进行改进。

第 2 章属于轨道部分,研究洛伦兹航天器相对轨道状态反馈控制方法。考虑到近期可实现的荷质比水平仅可支持相对轨道控制任务,本书中涉及洛伦兹航天器轨道的研究内容均为相对轨道。首先,基于洛伦兹航天器带电质点假设与地磁场倾斜磁轴近似假设,建立洛伦兹航天器相对于任意椭圆轨道的相对运动模型,其中,控制输入为由洛伦兹力与推力器推力组成的混合动力。因此,控制系统为全驱动控制系统。其次,以航天器悬停、编队或交会任务为例,求解相对轨道控制任务的最优开环控制轨迹,即洛伦兹力与推力器推力的最优配比。最后,为保证外部扰动、模型近似假设、参数不确定等摄动条件下的最优控制轨迹跟踪,基于所有状态均可测量的假设,设计闭环状态反馈控制律以保证系统稳定性以及对各类摄动的鲁棒性。控制器可分为两类,即线性不确定和非线性不确定条件下的自适应控制器。

第 3 章属于轨道部分,研究洛伦兹航天器相对轨道输出反馈控制方法。第 2 章中假设所有状态均可测,控制器均为状态反馈控制器。若缺失速度测量,则上述状态反馈控制器均不适用。考虑减少速度传感器可进一步减轻结构重量并降低制造成本,为适应无速度测量的工况,第 3 章研究输出反馈控制方法。同理,以悬停或编队任务为例，求解最优开环控制轨迹以及洛伦兹力与推力器推力的最优配比。随后，设计观测器对缺失速度信息以及系统非线性不确定项进行估计，并设计输出反馈控制器以实现无速度测量情况下的闭环稳定控制。控制器可分为两类非线性不确定条件下的自适应控制器，前者可实现有界稳定，后者可实现渐近稳定。

第 4 章属于姿态部分，研究洛伦兹航天器姿态控制方法。首先，以三轴正交构形洛伦兹航天器为研究对象，提出一种由洛伦兹力矩和地磁力矩联合作用的新型全驱动姿态控制方案，并分析该姿态控制方式的工作原理。其次，求解洛伦兹力矩与地磁力矩的最优分配律，并设计各导体球充电策略以保证姿态机动时原轨道运动不受影响，即实现姿轨解耦控制。最后，设计闭环自适应控制器以实现摄动条件下的姿态跟踪控制。

第 5 章属于姿轨一体化部分，研究洛伦兹航天器姿轨一体化动力学控制方法。首先，以三轴正交构形洛伦兹航天器为研究对象，建立以对偶四元数描述的洛伦兹航天器姿轨一体化运动学与动力学模型。其次，设计闭环控制器以实现六自由度姿轨一体化控制，其中，轨道控制系统由洛伦兹力与推力器推力驱动，姿态控制系统由洛伦兹力矩与地磁力矩驱动。最后，进行洛伦兹航天器实现设计，即求解各类控制输入的最优配比并设计各导体球充电策略以实现姿轨耦合控制。

第 2 章　洛伦兹航天器相对轨道状态反馈控制

影响洛伦兹航天器轨道机动能力的关键因素为荷质比[11]。通常情况下，荷质比越高，航天器机动能力越强、效率越高[11]。近期可实现的荷质比为 $10^{-3}\sim10^{-2}$ C/kg 数量级[14]，该水平可支持相对轨道控制任务，如航天器悬停、编队及交会任务等。现有洛伦兹航天器相对轨道控制研究主要存在以下问题。

(1)现有轨道控制策略多针对圆参考轨道[13,51,64-67]，椭圆参考轨道的轨道控制策略研究较少[59,60]。

(2)现有轨道控制策略多为开环控制方法[3,13,51,59,60,67]，闭环控制方法研究较少[64-66]。

(3)现有闭环轨道控制策略多为线性控制器[64-66]，闭环系统对外部扰动鲁棒性不强，且现有非线性控制器[112,113]未考虑系统参数不确定等问题。

基于此，本章针对椭圆参考轨道研究洛伦兹航天器相对轨道全驱动状态反馈控制方法，并应用于悬停、编队以及交会任务，其中，采用的主要控制方法为 SMC。2.1 节建立洛伦兹航天器相对轨道动力学模型，其中，该系统的控制输入为由洛伦兹力与推力器推力组成的混合动力。为进一步处理实际控制中的外部扰动以及系统参数不确定问题，2.2 节对现有 SMC 方法进一步改进，并在线性参数化假设条件下设计自适应控制器。此外，为进一步扩大控制器适用范围，2.3 节设计非线性不确定自适应控制器。

2.1　相对轨道动力学建模

2.1.1　相对运动方程

如图 2.1 所示，定义两航天器分别为主航天器和从航天器。假设从航天器为带电洛伦兹航天器，主航天器为传统非带电航天器。$O_E X_I Y_I Z_I$ 为地心惯性(Earth centered inertial，ECI)坐标系，O_E 为地心。相对运动坐标系 $O_C xyz$ 为当地垂直当地水平(local vertical local horizontal，LVLH)坐标系，其原点位于主航天器质心 O_C，x 轴沿主航天器径向，z 轴沿主航天器轨道面法向，y 轴构成笛卡儿右手坐标系。O_L 为洛伦兹航天器质心。记主从航天器相对位置矢量为 $\boldsymbol{\rho}=[x \quad y \quad z]^T$，则相对运动方程在 LVLH 坐标系中可表述[114]为

$$\ddot{\boldsymbol{\rho}}=[\ddot{x} \quad \ddot{y} \quad \ddot{z}]^T=\boldsymbol{F}(\boldsymbol{\rho},\dot{\boldsymbol{\rho}})+\boldsymbol{a}_L+\boldsymbol{a}_C \tag{2.1}$$

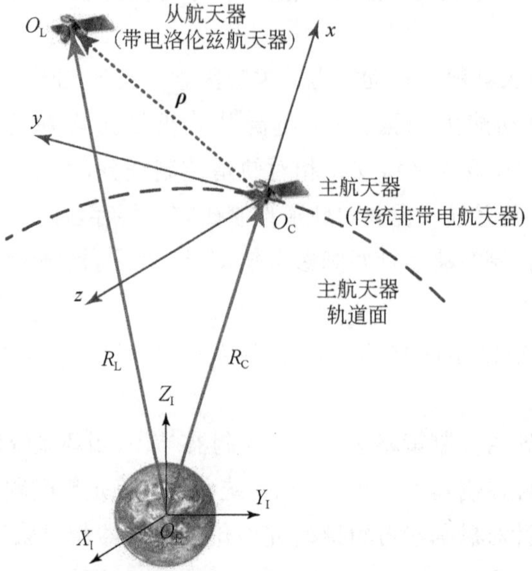

图 2.1　坐标系定义[115]

式中，

$$\boldsymbol{F}(\boldsymbol{\rho},\dot{\boldsymbol{\rho}})=\begin{bmatrix} 2\dot{u}_C\dot{y}+\dot{u}_C^2x+\ddot{u}_Cy+n_C^2R_C-n_L^2(R_C+x) \\ -2\dot{u}_C\dot{x}+\dot{u}_C^2y-\ddot{u}_Cx-n_L^2y \\ -n_L^2z \end{bmatrix} \tag{2.2}$$

式中，$n_C=\sqrt{\mu/R_C^3}$ 且 $n_L=\sqrt{\mu/R_L^3}$，μ 为地球引力常数；R_C 与 $R_L=[(R_C+x)^2+y^2+z^2]^{1/2}$ 分别为主从航天器的地心距。$\boldsymbol{a}_L=[a_x \quad a_y \quad a_z]^T$ 与 $\boldsymbol{a}_C=[a_r \quad a_s \quad a_w]^T$ 分别为作用于洛伦兹航天器的洛伦兹加速度与推力器控制加速度。u_C 表示主航天器纬度幅角，$\dot{u}_C$ 与 $\ddot{u}_C$ 分别表示主航天器轨道角速度与角加速度。

主航天器轨道运动动力学方程[116]为

$$\begin{aligned} \ddot{R}_C&=R_C\dot{u}_C^2-\mu/R_C^2 \\ R_C\ddot{u}_C&=-2\dot{R}_C\dot{u}_C \end{aligned} \tag{2.3}$$

若航天器相对距离远小于其地心距，即 $x,y,z\ll R_C,R_L$，并记航天器相对运动

状态矢量为 $\boldsymbol{X}=[\boldsymbol{\rho}^{\mathrm{T}} \quad \boldsymbol{v}^{\mathrm{T}}]^{\mathrm{T}}=[x \quad y \quad z \quad \dot{x} \quad \dot{y} \quad \dot{z}]^{\mathrm{T}}$，则相对运动方程可线性化[58]为

$$\dot{\boldsymbol{X}}(t)=\boldsymbol{A}(t)\boldsymbol{X}(t)+\boldsymbol{B}\boldsymbol{U}(t) \tag{2.4}$$

式中，

$$\boldsymbol{A}(t)=\begin{bmatrix}\mathbf{0}_{3\times3} & \boldsymbol{I}_{3\times3}\\ \mathbf{A}_{\mathrm{v}\rho} & \mathbf{A}_{\mathrm{vv}}\end{bmatrix},\quad \boldsymbol{B}=\begin{bmatrix}\mathbf{0}_{3\times3}\\ \boldsymbol{I}_{3\times3}\end{bmatrix} \tag{2.5}$$

$$\boldsymbol{U}(t)=[a_x+a_r \quad a_y+a_s \quad a_z+a_w]^{\mathrm{T}} \tag{2.6}$$

$$\mathbf{A}_{\mathrm{v}\rho}=\begin{bmatrix}\dot{u}_{\mathrm{C}}^2+2n_{\mathrm{C}}^2 & \ddot{u}_{\mathrm{C}} & 0\\ -\ddot{u}_{\mathrm{C}} & \dot{u}_{\mathrm{C}}^2-n_{\mathrm{C}}^2 & 0\\ 0 & 0 & -n_{\mathrm{C}}^2\end{bmatrix},\quad \mathbf{A}_{\mathrm{vv}}=\begin{bmatrix}0 & 2\dot{u}_{\mathrm{C}} & 0\\ -2\dot{u}_{\mathrm{C}} & 0 & 0\\ 0 & 0 & 0\end{bmatrix} \tag{2.7}$$

式中，$\mathbf{0}_{a\times b}$和$\boldsymbol{I}_{a\times b}$分别为维数为 $a\times b$ 的零矩阵和单位矩阵。

注 2.1[117]　上述线性化假设对近距航天器成立。典型地，对于地球轨道相对距离在 100km 范围以内的航天器，由该线性化假设引起的相对误差小于 0.03%。

注 2.2　由洛伦兹力单独驱动的相对轨道动力学系统非完全可控[64-66]。基于此，为使得系统完全可控，需引入其他形式的推力，如本书中采用的推力器推力。

2.1.2　洛伦兹加速度

带电航天器以相对速度$\mathbf{V}_{\mathrm{r}}$ 在地磁场 $\boldsymbol{B}$ 中运动受到的洛伦兹加速度为

$$\boldsymbol{a}_{\mathrm{L}}=\lambda\,\mathbf{V}_{\mathrm{r}}\times\boldsymbol{B} \tag{2.8}$$

式中，$\lambda=q_{\mathrm{L}}/m_{\mathrm{L}}$ 为洛伦兹航天器荷质比，q_{L} 为带电量，m_{L} 为航天器质量。

为得到洛伦兹加速度在 LVLH 坐标系中的表述，本小节提出如下假设条件。

假设 2.1[51]　本节有关洛伦兹航天器与地磁场的假设条件如下。

(1)洛伦兹航天器可假设为带电质点。

(2)地磁场可假设为随地球自转的倾斜磁偶极子。

(3)地磁轴与地球自转轴的夹角为 α，如图 2.2 所示。

基于倾斜磁偶极子模型，洛伦兹航天器当地的地磁场[51]为

$$\boldsymbol{B}=(B_0/R_{\mathrm{L}}^3)[3(\boldsymbol{n}^0\cdot\boldsymbol{R}_{\mathrm{L}}^0)\boldsymbol{R}_{\mathrm{L}}^0-\boldsymbol{n}^0] \tag{2.9}$$

式中，$B_0=8.0\times10^{15}\,\mathrm{T}\cdot\mathrm{m}^3$ 为地磁矩值；上标 0 表示该矢量方向的单位矢量。例如，$\boldsymbol{R}_{\mathrm{L}}^0$ 为从航天器单位轨道半径矢量，即

$$\boldsymbol{R}_{\mathrm{L}}^0=(1/R_{\mathrm{L}})[R_{\mathrm{C}}+x \quad y \quad z]^{\mathrm{T}} \tag{2.10}$$

$\boldsymbol{n}^0$ 为单位地磁矩矢量，其在 LVLH 坐标系中表述为

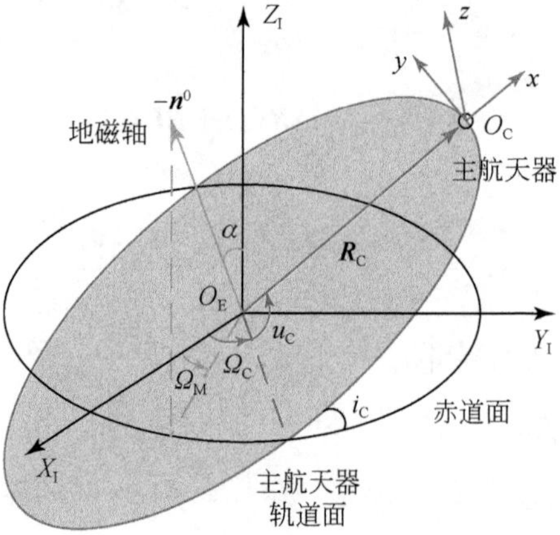

图 2.2 相关角度定义[118]

$$\boldsymbol{n}^0=\begin{bmatrix}n_x\\n_y\\n_z\end{bmatrix}=\begin{bmatrix}-(\cos\beta\cos u_C+\sin\beta\cos i_C\sin u_C)\sin\alpha-\sin i_C\sin u_C\cos\alpha\\(\cos\beta\sin u_C-\sin\beta\cos i_C\cos u_C)\sin\alpha-\sin i_C\cos u_C\cos\alpha\\\sin\beta\sin i_C\sin\alpha-\cos i_C\cos\alpha\end{bmatrix}\tag{2.11}$$

式中，i_C 为主航天器轨道倾角。β 定义为 $\beta=\Omega_M-\Omega_C$，其中，Ω_C 为主航天器升交点赤经，Ω_M 为地磁轴瞬时相位角，即

$$\Omega_M=\omega_E t+\Omega_0\tag{2.12}$$

式中，ω_E 为地球自转角速度，且 Ω_0 为初始时刻地磁轴相位角。

将式(2.10)与式(2.11)代入式(2.9)中得到地磁场在 LVLH 坐标系中的表述。由于地磁场随地球自转，因此洛伦兹航天器与当地磁场的相对速度为

$$\boldsymbol{V}_r=\frac{d\boldsymbol{R}_L}{dt}-\boldsymbol{\omega}_E\times\boldsymbol{R}_L=\dot{\boldsymbol{R}}_C+\dot{\boldsymbol{\rho}}+(\dot{\boldsymbol{u}}_C-\boldsymbol{\omega}_E)\times(\boldsymbol{R}_C+\boldsymbol{\rho})\tag{2.13}$$

其在 LVLH 坐标系的表述为

$$\boldsymbol{V}_r=\begin{bmatrix}V_x\\V_y\\V_z\end{bmatrix}=\begin{bmatrix}\dot{R}_C+\dot{x}-y(\dot{u}_C-\omega_E\cos i_C)-z\omega_E\sin i_C\cos u_C\\\dot{y}+(R_C+x)(\dot{u}_C-\omega_E\cos i_C)+z\omega_E\sin i_C\sin u_C\\\dot{z}+(R_C+x)\omega_E\sin i_C\cos u_C-y\omega_E\sin i_C\sin u_C\end{bmatrix}\tag{2.14}$$

将式(2.9)与式(2.14)代入式(2.8)得到洛伦兹加速度在 LVLH 坐标系中的表述：

$$\boldsymbol{a}_L=\lambda\boldsymbol{l}=\lambda\,[l_x\quad l_y\quad l_z]^T\tag{2.15}$$

式中，

$$l_x=V_yB_z-V_zB_y,\quad l_y=V_zB_x-V_xB_z,\quad l_z=V_xB_y-V_yB_x \tag{2.16}$$

基于此，将式(2.15)代入式(2.1)中，即可得到混合动力作用的洛伦兹航天器相对轨道动力学模型。

2.2 线性不确定自适应控制

本节针对一般洛伦兹力辅助航天器相对运动(Lorentz-augmented spacecraft relative motion，LASRM)控制任务，介绍线性不确定条件下的洛伦兹航天器相对轨道自适应稳定控制方法，其中系统未知参数满足“线性参数化”条件。

“线性参数化”条件是指被控对象的未知参数必须以线性的方式进入其动态特性中[119]。该情况下，与之对应的参数估计值也将以线性的方式进入控制算法中[119]。例如，文献[113]中的控制方法均假设航天器荷质比 $\lambda=q_L/m_L$ 为控制输入。可见，由于荷质比为电量 q_L 与质量 m_L 的比值，实际的控制输入应为电量 q_L，而非荷质比 λ。因此，实时精确的控制输入依赖一个重要的系统参数，即航天器质量 m_L。为保证电量的输入精准，必须精确已知航天器的实时质量。然而，由于推进剂的消耗等因素，很难在轨实时精确确定航天器质量，往往只能得到估计值。为保证系统在未知参数条件下的稳定性，需设计参数自适应律以实时估计未知参数，并设计相应的自适应控制器。

文献[113]中采用 FNTSMC 方法进行 LASRM 闭环控制器设计。该方法通过由终端滑模切换至一般滑模的方法解决了 FNTSMC 中的奇异性问题。然而，该方法在切换成一般滑模后，虽然解决了奇异性问题，但同时失去了 FTSM 快速有限时间收敛的优点。为解决奇异性问题并同时保持 FTSM 快速有限时间收敛的优点，需设计新的 FNTSM。

基于上述分析和现有问题，本节中假设航天器质量参数以及扰动参数满足“线性参数化”条件，提出以下研究内容。

(1)设计新 FNTSM 同时解决收敛速度与奇异性问题，其中，参照文献[82]中的 FTSM 以实现快速性，并参照文献[120]中以饱和函数项替换奇异项的方法来解决奇异性。

(2)证明上述 FNTSM 的有限时间收敛特性并设计对应的有限时间稳定控制器。

(3)建立满足线性参数化条件的 LASRM 动力学模型，基于此采用 FNTSM 方法设计自适应控制器以实现该条件下的闭环系统自适应控制。

2.2.1 线性不确定相对轨道动力学模型

考虑航天器质量 m_L 和有界外部扰动 $\boldsymbol{D}=[D_x \quad D_y \quad D_z]^T$，显含 m_L 和 $\boldsymbol{D}$ 的 LASRM 方程可由式(2.1)改写为

$$\ddot{\boldsymbol{\rho}}=[\ddot{x} \quad \ddot{y} \quad \ddot{z}]^T=\boldsymbol{F}(\boldsymbol{\rho},\dot{\boldsymbol{\rho}})+(\boldsymbol{U}+\boldsymbol{D})/m_L \tag{2.17}$$

式中，

$$\begin{aligned}\boldsymbol{U}&=\boldsymbol{U}_L+\boldsymbol{U}_C=[U_x+U_r \quad U_y+U_s \quad U_z+U_w]^T\\&=m_L[a_x+a_r \quad a_y+a_s \quad a_z+a_w]^T\end{aligned} \tag{2.18}$$

式中，$\boldsymbol{F}(\boldsymbol{\rho},\dot{\boldsymbol{\rho}})$的表达式如式(2.2)所示。$\boldsymbol{a}_L=[a_x \quad a_y \quad a_z]^T$ 与$\boldsymbol{a}_C=[a_r \quad a_s \quad a_w]^T$ 分别为作用于洛伦兹航天器的洛伦兹加速度与推力器控制加速度。对应地，$\boldsymbol{U}_L$ 和 $\boldsymbol{U}_C$ 分别为洛伦兹力与推力器推力。洛伦兹加速度$\boldsymbol{a}_L$ 的表达式详见 2.1.2 节。

2.2.2 闭环自适应控制

1. FNTSM 控制器设计

SMC 设计的首要步骤为设计滑模面。典型地，常规终端滑模(terminal sliding mode, TSM)、非奇异终端滑模(nonsingular terminal sliding mode, NTSM)与 FTSM 的滑模面可表述[83]为

$$s_{TSM}=\dot{x}+\xi x^{q/p} \tag{2.19}$$

$$s_{NTSM}=x+\xi^{-p/q}\dot{x}^{p/q} \tag{2.20}$$

$$s_{FTSM}=\dot{x}+\zeta x+\xi x^{q/p} \tag{2.21}$$

式中，ζ 与 ξ 为正常数，且 p 与 q 为正奇数，且满足 $p>q$。

注 2.3 当系统到达滑模面 $s_{TSM}=0$ 或 $s_{NTSM}=0$ 时，如式(2.19)所示的 TSM 与如式(2.20)所示的 NTSM 等价，其系统动力学模型为 $\dot{x}=-\xi x^{q/p}$，因此二者均可保证系统状态在有限时间内收敛到零。然而，当系统状态 x 远离原点时，有 $|x|^{q/p}<|x|$，即 TSM 或 NTSM 的收敛速度小于线性滑模(linear sliding mode, LSM)，即 $q=p$。因此，TSM 或 NTSM 的收敛速度并不一定最优。为改善收敛速度，文献[82]在其基础上进一步提出了 FTSM。

对 s_{TSM}与 s_{FTSM}求时间导数，得

$$\dot{s}_{TSM}=\ddot{x}+\xi(q/p)x^{q/p-1}\dot{x} \tag{2.22}$$

$$\dot{s}_{FTSM}=\ddot{x}+\zeta x+\xi(q/p)x^{q/p-1}\dot{x} \tag{2.23}$$

可见，常规 TSM 或 FTSM 的滑模面对时间的导数中均存在负指数项，因而当 $x=0$ 且 $\dot{x}\neq 0$ 时，存在奇异问题。虽然如式(2.20)所示的 NTSM 解决了奇异问题，但同样存在注 2.3 中所述的收敛速度问题。

另一种解决常规 TSM 奇异问题的方法为利用饱和函数项代替可能存在奇异的负指数项[120]。基于该方法，为同时解决奇异与收敛速度问题，本节提出一种新型 FNTSM 控制器。

考虑如式(2.17)所示的二阶非线性系统。记 $\boldsymbol{e}=\boldsymbol{\rho}-\boldsymbol{\rho}_{\mathrm{d}}$ 为相对位置误差，其中 $\boldsymbol{\rho}_{\mathrm{d}}=[x_{\mathrm{d}}\quad y_{\mathrm{d}}\quad z_{\mathrm{d}}]^{\mathrm{T}}$ 为相对位置期望轨迹，且 $\dot{\boldsymbol{e}}=\dot{\boldsymbol{\rho}}-\dot{\boldsymbol{\rho}}_{\mathrm{d}}$ 为相对速度误差。同理，$\dot{\boldsymbol{\rho}}_{\mathrm{d}}$ 为相对速度期望轨迹。基于上述定义，误差动力学方程为

$$\ddot{\boldsymbol{e}}=-\ddot{\boldsymbol{\rho}}_{\mathrm{d}}+\boldsymbol{F}(\boldsymbol{\rho},\dot{\boldsymbol{\rho}})+(\boldsymbol{U}+\boldsymbol{D})/m_{\mathrm{L}} \tag{2.24}$$

控制器设计的目的是消除相对位置与相对速度误差并保证系统对外部摄动的鲁棒性。常规 FTSM 的滑模面选取为

$$\boldsymbol{s}=\dot{\boldsymbol{e}}+\zeta\boldsymbol{e}+\xi\boldsymbol{e}^{q/p} \tag{2.25}$$

式中，$\boldsymbol{e}^{q/p}=[\boldsymbol{e}_x^{q/p}\quad \boldsymbol{e}_y^{q/p}\quad \boldsymbol{e}_z^{q/p}]^{\mathrm{T}}$。

对如式(2.25)所示的滑模面求时间导数得

$$\dot{\boldsymbol{s}}=\ddot{\boldsymbol{e}}+\zeta\dot{\boldsymbol{e}}+\xi(q/p)\boldsymbol{e}^{q/p-1}\dot{\boldsymbol{e}} \tag{2.26}$$

令 $\dot{\boldsymbol{s}}=\boldsymbol{0}$ 得到等效控制$\boldsymbol{U}_{\mathrm{eq}}$，即

$$\boldsymbol{U}_{\mathrm{eq}}=m_{\mathrm{L}}[-\boldsymbol{F}(\boldsymbol{\rho},\dot{\boldsymbol{\rho}})+\ddot{\boldsymbol{\rho}}_{\mathrm{d}}-\zeta\dot{\boldsymbol{e}}-\xi(q/p)\boldsymbol{e}^{q/p-1}\dot{\boldsymbol{e}}] \tag{2.27}$$

同样，当 $\boldsymbol{e}=\boldsymbol{0}$ 且 $\dot{\boldsymbol{e}}\neq\boldsymbol{0}$ 时，由于负指数项的存在，$\boldsymbol{U}_{\mathrm{eq}}$奇异。为避免奇异问题，将等效控制修正为

$$\boldsymbol{U}_{\mathrm{eq}}=m_{\mathrm{L}}[-\boldsymbol{F}(\boldsymbol{\rho},\dot{\boldsymbol{\rho}})+\ddot{\boldsymbol{\rho}}_{\mathrm{d}}-\zeta\dot{\boldsymbol{e}}+\mathrm{sat}(\boldsymbol{u}_{\mathrm{f}},u_{\mathrm{m}})] \tag{2.28}$$

式中，$\mathrm{sat}(\boldsymbol{u}_{\mathrm{f}},u_{\mathrm{m}})$为饱和函数，其中，$\boldsymbol{u}_{\mathrm{f}}=[u_{\mathrm{f}x}\quad u_{\mathrm{f}y}\quad u_{\mathrm{f}z}]^{\mathrm{T}}=-\xi(q/p)\boldsymbol{e}^{q/p-1}\dot{\boldsymbol{e}}$，且 $u_{\mathrm{m}}>0$ 为饱和函数阈值，即

$$\mathrm{sat}(u_{\mathrm{f}i},u_{\mathrm{m}})=\begin{cases}u_{\mathrm{f}i}, & |u_{\mathrm{f}i}|<u_{\mathrm{m}}\\ u_{\mathrm{m}}\mathrm{sgn}(u_{\mathrm{f}i}), & |u_{\mathrm{f}i}|\geqslant u_{\mathrm{m}}\end{cases},\quad i=x,y,z \tag{2.29}$$

此外，为保证系统对外部扰动的鲁棒性，选取趋近律为 $\dot{\boldsymbol{s}}=-\boldsymbol{K}\mathrm{sgn}(\boldsymbol{s})$，其中正定对角矩阵 $\boldsymbol{K}=\mathrm{diag}(K_1,K_2,K_3)$，且 $K_i>D_{\mathrm{m}}(i=1,2,3)$。$D_{\mathrm{m}}>0$ 为摄动力 $\boldsymbol{D}$ 的上界，且 $\mathrm{sgn}(\boldsymbol{s})$定义为 $\mathrm{sgn}(\boldsymbol{s})=[\mathrm{sgn}(\boldsymbol{s}_x)\quad \mathrm{sgn}(\boldsymbol{s}_y)\quad \mathrm{sgn}(\boldsymbol{s}_z)]^{\mathrm{T}}$。

综上，控制力 $\boldsymbol{U}$ 补充为

$$\boldsymbol{U}=m_{\mathrm{L}}[-\boldsymbol{F}(\boldsymbol{\rho},\dot{\boldsymbol{\rho}})+\ddot{\boldsymbol{\rho}}_{\mathrm{d}}-\zeta\dot{\boldsymbol{e}}+\mathrm{sat}(\boldsymbol{u}_{\mathrm{f}},u_{\mathrm{m}})]-\boldsymbol{K}\mathrm{sgn}(\boldsymbol{s}) \tag{2.30}$$

上述饱和函数替换可解决常规 FTSM 中的奇异问题，因而对应得到的滑模控

制器为 FNTSM 控制器。

FNTSM 控制器闭环控制系统框图如图 2.3 所示。

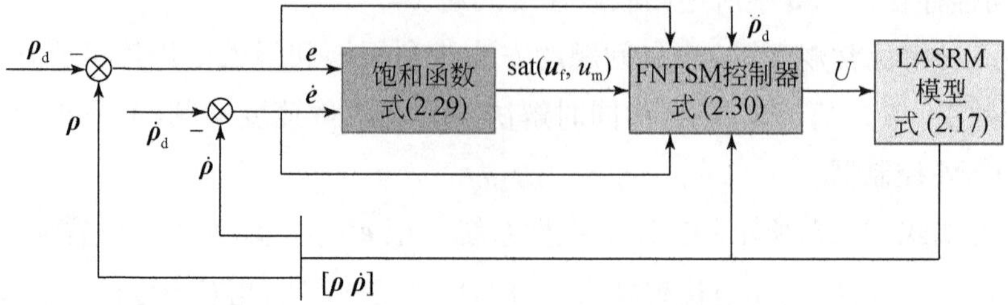

图 2.3　FNTSM 控制器闭环控制系统框图

2. 稳定性分析

采用饱和函数项替换可能存在的奇异项，式(2.30)给出了一种新型 FNTSM 控制器。由该控制律驱动的闭环系统稳定性分析总结于如下定理。

定理 2.1　对于如式(2.17)所示的 LASRM 动力学系统，若滑模面如式(2.25)所示，控制律如式(2.30)所示，且阈值参数 u_m 在任意时刻 t 均满足不等式 $u_m > \max\{\xi(q/p)e_i^{(q-p)/p}(\zeta e_i + \xi e_i^{q/p})\mathrm{sgn}(e_i)\}(i=x,y,z)$，则系统轨迹将在有限时间内到达滑模面 $\boldsymbol{s}=\boldsymbol{0}$，随后状态误差将在有限时间内收敛到零。

证明　考虑李雅普诺夫函数 $V=(1/2)\boldsymbol{s}^{\mathrm{T}}\boldsymbol{s}>0(\forall \boldsymbol{s}\neq\boldsymbol{0})$，对其求时间导数得

$$\dot{V}=\boldsymbol{s}^{\mathrm{T}}\dot{\boldsymbol{s}}=\sum_{i=x,y,z}\dot{V}_i=\sum_{i=x,y,z}s_i\dot{s}_i=\boldsymbol{s}^{\mathrm{T}}[\dot{\boldsymbol{e}}+\zeta\dot{\boldsymbol{e}}+\xi(q/p)\,\boldsymbol{e}^{q/p-1}\dot{\boldsymbol{e}}] \tag{2.31}$$

将式(2.24)与式(2.30)代入式(2.31)中得

$$\begin{aligned}\dot{V}&=\boldsymbol{s}^{\mathrm{T}}[\ddot{\boldsymbol{e}}+\zeta\dot{\boldsymbol{e}}+\xi(q/p)\boldsymbol{e}^{q/p-1}\dot{\boldsymbol{e}}]\\&=\boldsymbol{s}^{\mathrm{T}}[-\ddot{\boldsymbol{\rho}}_d+\boldsymbol{F}+(\boldsymbol{U}+\boldsymbol{D})/m_L+\zeta\dot{\boldsymbol{e}}+\xi(q/p)\boldsymbol{e}^{q/p-1}\dot{\boldsymbol{e}}]\\&=\boldsymbol{s}^{\mathrm{T}}[\xi(q/p)\boldsymbol{e}^{q/p-1}\dot{\boldsymbol{e}}+\mathrm{sat}(\boldsymbol{u}_f,u_m)]+(1/m_L)\boldsymbol{s}^{\mathrm{T}}[\boldsymbol{D}-\boldsymbol{K}\mathrm{sgn}(\boldsymbol{s})]\end{aligned} \tag{2.32}$$

根据文献[120]中的方法，以$(e_x,\dot{e}_x)$相平面为例分析闭环系统稳定性。如图 2.4所示，以饱和函数 $\mathrm{sat}(\boldsymbol{u}_f,u_m)$为边界将相平面分为两部分($A$ 与 B)。基于此，A 区域与 B 区域可定义为

$$A=\{(e_x,\dot{e}_x)\mid |u_{fx}|\leqslant u_m\},\quad B=B_1\cup B_2=\{(e_x,\dot{e}_x)\mid |u_{fx}|>u_m\} \tag{2.33}$$

对于 FNTSM 和 NTSM，图 2.4 中的曲线参数设置为 $\xi=1$、$p=5$、$q=3$ 以及 $u_m=2$。此外，FNTSM 中的参数为 $\zeta=0.5$。

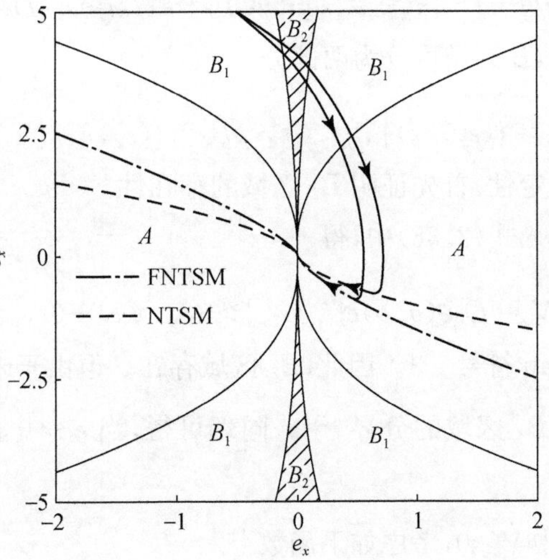

图 2.4 FNTSM与NTSM相平面[121]

如图 2.4 所示,A 区域与 B 区域的边界为

$$|u_{fx}|=\xi(q/p)e_x^{q/p-1}|\dot{e}_x|=u_m \tag{2.34}$$

将式(2.34)改写为

$$|\dot{e}_x|_{A/B}=\xi^{-1}(p/q)e_x^{1-q/p}u_m \tag{2.35}$$

式中,A/B 为 A 区域与 B 区域的边界。注意到,滑模面为 $s=\dot{e}_x+\zeta e_x+\xi e_x^{q/p}=0$ 且 $\mathrm{sgn}(e_x)=\mathrm{sgn}(e_x^{q/p})$,可得在滑模面上有

$$|\dot{e}_x|_s=(\zeta e_x+\xi e_x^{q/p})\mathrm{sgn}(e_x) \tag{2.36}$$

式中,下标 s 表示滑模面。显然,若 $|\dot{e}_x|_{A/B}>|\dot{e}_x|_s$,则滑模面将始终保持在 A 区域中,且相平面的分区将如图 2.4 所示。在该前提条件下,以下依据该相平面图得到的稳定性分析结果均成立。

当 $|u_{fx}|\leqslant u_m$ 时,系统轨线在 A 区域且满足 $\mathrm{sat}(u_{fx},u_m)=u_{fx}$,可得

$$\begin{aligned}\dot{V}_x&=(1/m_L)s_x[D_x-K_x\mathrm{sgn}(s_x)]\\&\leqslant(1/m_L)(D_m-K_x)|s_x|<0\end{aligned} \tag{2.37}$$

同理可得,$\dot{V}_y<0$ 且 $\dot{V}_z<0$。因而,若在 A 区域满足 $\dot{V}<0$,则系统将在有限时间 $t_r\leqslant\max\limits_{i=x,y,z}\{m_L s_i(0)/(K_i-D_m)\}$ 内到达滑模面。一旦系统到达滑模面,则根据 FTSM 有限时间收敛特性,系统状态将在有限时间内收敛到零。

当 $|u_{fx}|>u_m$ 时,系统轨线在 B 区域且满足 $\mathrm{sat}(u_{fx},u_m)=u_m\mathrm{sgn}(u_{fx})$,可得

$$\dot{V}_x=s_x[\xi(q/p)e_x^{q/p-1}\dot{e}_x+u_{\mathrm{m}}\mathrm{sgn}(u_{\mathrm{fx}})]+(1/m_{\mathrm{L}})s_x(D_x-K_x)\mathrm{sgn}(s_x) \tag{2.38}$$

如图 2.4 所示，B 区域可分为两部分：

$$B_1=\{(e_x,\dot{e}_x)\,|\,\dot{V}_x<0\},\quad B_2=\{(e_x,\dot{e}_x)\,|\,\dot{V}_x\geqslant 0\} \tag{2.39}$$

为证明系统稳定性，首先证明 B_2 区域的存在性。

将式(2.25)代入式(2.38)中，得

$$\dot{V}_x=O[\xi(q/p)e_x^{q/p-1}\dot{e}_x^2]>0,\quad \forall\, e_x\to 0,\dot{e}_x\neq 0 \tag{2.40}$$

式中，O 表示 Landau 符号[120]。因此，B_2 区域存在。但由于未知扰动 $\boldsymbol{D}$ 的作用，很难确定 B_1 区域与 B_2 区域的分界[120]。同理可得，当 $e_i\to 0$ 且 $\dot{e}_i\neq 0$ 时，有 $\dot{V}_i>0$ $(i=y,z)$。

由于 B_2 区域中 $\dot{V}\geqslant 0$，考虑如下函数[120]：

$$e_x(t)=e_x(0)+\int_0^t \dot{e}_x(t)\mathrm{d}t \tag{2.41}$$

当 $\dot{e}_x(t)>0$ 时，系统轨线在 e_x 轴上方。若当前轨迹在 B_2 区域中，则根据式(2.41)，$e_x(t)$将继续增大直至其在有限时间内穿过 B_1 区域与 B_2 区域的边界，并最终到达滑模面。

同理，当 $\dot{e}_x(t)<0$ 时，系统轨线在 e_x 轴下方。若当前轨迹在 B_2 区域中，$e_x(t)$ 将继续减小直至其在有限时间内到达滑模面。当到达滑模面后，根据 FTSM 有限时间收敛特性，系统误差将在有限时间内收敛到零。同理，前述结论也适用于 e_y 与 e_z。

证毕。

3. 自适应控制器设计与稳定性分析

由于很难实时在轨精确确定洛伦兹航天器质量以及外部摄动力，所以假设洛伦兹航天器质量与外部摄动力为有界未知量，并设计自适应律以估计未知参数。定义参数估计误差为

$$\tilde{m}_{\mathrm{L}}=m_{\mathrm{L}}-\bar{m}_{\mathrm{L}},\quad \tilde{\boldsymbol{D}}=\boldsymbol{D}-\bar{\boldsymbol{D}} \tag{2.42}$$

式中，$\bar{m}_{\mathrm{L}}$ 为质量估计值；$\bar{\boldsymbol{D}}$ 为扰动估计值。

考虑上述不确定参数因素，基于 2.2.2 节中的 FNTSM 控制器设计自适应快速非奇异终端滑模(adaptive FNTSM，AFNTSM)控制器实现闭环系统自适应稳定。AFNTSM 控制器闭环控制系统框图如图 2.5 所示，相应的控制律、参数自适

应律以及闭环系统稳定性分析总结于如下定理。

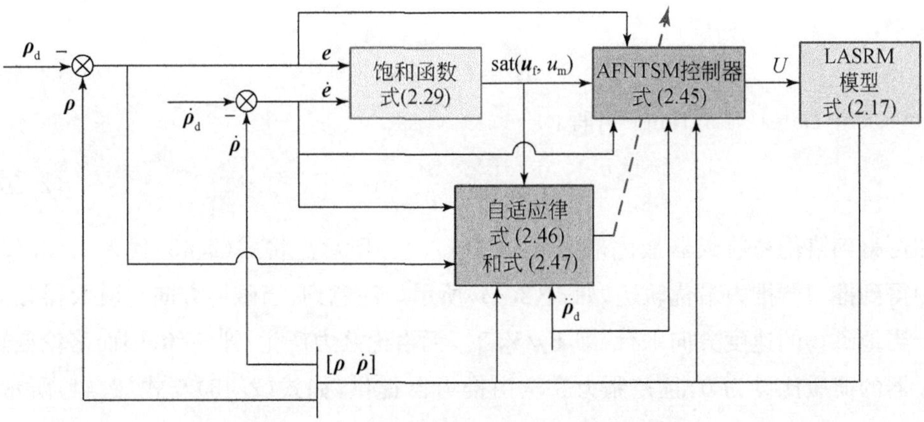

图 2.5　AFNTSM 控制器闭环控制系统框图

定理 2.2　对于如式(2.17)所示的 LASRM 动力学系统，若滑模面如式(2.25)所示，则控制律设计为

$$q_{\mathrm{L}}^{*}(t)=\begin{cases}\dfrac{\boldsymbol{U}\cdot\boldsymbol{l}}{\|\boldsymbol{l}\|^{2}}, & \|\boldsymbol{l}\|\neq 0\\ 0, & \|\boldsymbol{l}\|=0\end{cases} \tag{2.43}$$

$$\boldsymbol{U}_{\mathrm{C}}^{*}(t)=\begin{cases}\boldsymbol{U}-\dfrac{\boldsymbol{U}\cdot\boldsymbol{l}}{\|\boldsymbol{l}\|^{2}}\boldsymbol{l}, & \|\boldsymbol{l}\|\neq 0\\ \boldsymbol{U}, & \|\boldsymbol{l}\|=0\end{cases} \tag{2.44}$$

$$\boldsymbol{U}=\bar{m}_{\mathrm{L}}[-\boldsymbol{F}(\boldsymbol{\rho},\dot{\boldsymbol{\rho}})+\ddot{\boldsymbol{\rho}}_{\mathrm{d}}-\zeta\dot{\boldsymbol{e}}+\mathrm{sat}(\boldsymbol{u}_{\mathrm{f}},u_{\mathrm{m}})]-\bar{\boldsymbol{D}}-\boldsymbol{K}_1\boldsymbol{s}-\boldsymbol{K}_2\,\mathrm{sig}^{\gamma}(\boldsymbol{s}) \tag{2.45}$$

且参数自适应律设计为

$$\dot{\bar{m}}_{\mathrm{L}}=\eta\boldsymbol{s}^{\mathrm{T}}[\boldsymbol{F}(\boldsymbol{\rho},\dot{\boldsymbol{\rho}})-\ddot{\boldsymbol{\rho}}_{\mathrm{d}}+\zeta\dot{\boldsymbol{e}}-\mathrm{sat}(\boldsymbol{u}_{\mathrm{f}},u_{\mathrm{m}})] \tag{2.46}$$

$$\dot{\bar{\boldsymbol{D}}}=\boldsymbol{W}\boldsymbol{s} \tag{2.47}$$

式中，η 为正常数，且 $\boldsymbol{W}$ 为正定常值矩阵。趋近律选取为 $\dot{s}=-\boldsymbol{K}_1\boldsymbol{s}-\boldsymbol{K}_2\,\mathrm{sig}^{\gamma}(\boldsymbol{s})$[83]，其中，$\mathrm{sig}^{\gamma}(\boldsymbol{s})$定义为$\mathrm{sig}^{\gamma}(\boldsymbol{s})=[|s_x|^{\gamma}\mathrm{sgn}(s_x)\quad|s_y|^{\gamma}\mathrm{sgn}(s_y)\quad|s_z|^{\gamma}\mathrm{sgn}(s_z)]^{\mathrm{T}}$，常数 γ 满足 $0<\gamma<1$ 且$\boldsymbol{K}_i=\mathrm{diag}(K_{i1},K_{i2},K_{i3})(i=1,2)$为正定对角矩阵，则系统将渐近收敛到 $\boldsymbol{s}=\boldsymbol{0}$，且系统状态误差也将收敛到零。

证明　考虑到控制输入由洛伦兹力与推力器推力组成，需确定这两种推力的最优配比。由于推进工质为星上有限资源，为最小化燃料消耗，考虑如下指标函数：

$$J=\Delta V=\int_{t_0}^{t_f} L[q_L(t),t]\mathrm{d}t=\int_{t_0}^{t_f}(1/m_L)\parallel \boldsymbol{U}_C\parallel \mathrm{d}t \tag{2.48}$$

式中，

$$\boldsymbol{U}_C=\boldsymbol{U}-q_L\boldsymbol{l} \tag{2.49}$$

求解 Euler - Lagrange 方程：

$$\frac{\mathrm{d}}{\mathrm{d}t}\left(\frac{\partial L}{\partial \dot{\lambda}}\right)-\frac{\partial L}{\partial \lambda}=0 \tag{2.50}$$

即可得到洛伦兹航天器最优带电量，如式(2.43)所示。将式(2.43)代入式(2.49)中得到推力器推力最优轨迹，如式(2.44)所示。注意到，当磁场方向与航天器相对于当地磁场的速度方向平行，即 $\boldsymbol{B}/\!/\boldsymbol{V}_r$ 时，无洛伦兹力产生，即 $\boldsymbol{l}=\boldsymbol{0}$，因而洛伦兹航天器的荷质比设为 0，且控制力完全由推力器提供，如式(2.43)与式(2.44)所示。基于此，节省的速度增量百分比 σ 可由式(2.51)计算：

$$\sigma=1-\frac{\int_{t_0}^{t_f}\parallel \boldsymbol{U}_C\parallel \mathrm{d}t}{\int_{t_0}^{t_f}\parallel \boldsymbol{U}\parallel \mathrm{d}t} \tag{2.51}$$

考虑如下李雅普诺夫函数：

$$V=\frac{1}{2}\boldsymbol{s}^{\mathrm{T}}m_L\boldsymbol{s}+\frac{1}{2\eta}\tilde{m}_L^2+\frac{1}{2}\tilde{\boldsymbol{D}}^{\mathrm{T}}\boldsymbol{W}^{-1}\tilde{\boldsymbol{D}} \tag{2.52}$$

对其求时间导数得

$$\dot{V}=\boldsymbol{s}^{\mathrm{T}}m_L\dot{\boldsymbol{s}}-\eta^{-1}\tilde{m}_L\dot{\hat{m}}_L-\tilde{\boldsymbol{D}}^{\mathrm{T}}\boldsymbol{W}^{-1}\dot{\hat{\boldsymbol{D}}} \tag{2.53}$$

将式(2.26)与式(2.43)～式(2.47)代入式(2.53)中得

$$\begin{aligned}\dot{V}&=\boldsymbol{s}^{\mathrm{T}}(\bar{m}_L+\tilde{m}_L)[\ddot{\boldsymbol{e}}+\zeta\dot{\boldsymbol{e}}+\xi(q/p)\boldsymbol{e}^{q/p-1}\dot{\boldsymbol{e}}]-\eta^{-1}\tilde{m}_L\dot{\hat{m}}_L-\tilde{\boldsymbol{D}}^{\mathrm{T}}\boldsymbol{W}^{-1}\dot{\hat{\boldsymbol{D}}}\\&=\boldsymbol{s}^{\mathrm{T}}[\bar{m}_L\boldsymbol{F}-\bar{m}_L\ddot{\boldsymbol{\rho}}_d+\boldsymbol{U}_C+q_L\boldsymbol{l}+\bar{\boldsymbol{D}}+\bar{m}_L\zeta\dot{\boldsymbol{e}}+\bar{m}_L\xi(q/p)\boldsymbol{e}^{q/p-1}\dot{\boldsymbol{e}}]\\&\quad+\boldsymbol{s}^{\mathrm{T}}\tilde{m}_L[\boldsymbol{F}-\ddot{\boldsymbol{\rho}}_d+\zeta\dot{\boldsymbol{e}}+\xi(q/p)\boldsymbol{e}^{q/p-1}\dot{\boldsymbol{e}}]-\eta^{-1}\tilde{m}_L\dot{\hat{m}}_L+\boldsymbol{s}^{\mathrm{T}}\tilde{\boldsymbol{D}}-\tilde{\boldsymbol{D}}^{\mathrm{T}}\boldsymbol{W}^{-1}\dot{\hat{\boldsymbol{D}}}\\&=\boldsymbol{s}^{\mathrm{T}}m_L[\xi(q/p)\boldsymbol{e}^{q/p-1}\dot{\boldsymbol{e}}+\mathrm{sat}(\boldsymbol{u}_f,u_m)]-\boldsymbol{s}^{\mathrm{T}}\boldsymbol{K}_1\boldsymbol{s}-\boldsymbol{s}^{\mathrm{T}}\boldsymbol{K}_2\mathrm{sig}^{\gamma}(\boldsymbol{s})\end{aligned} \tag{2.54}$$

当 $|u_{fi}|<u_m$ 时，系统轨线在 A 区域，且满足 $\mathrm{sat}(u_{fi},u_m)=u_{fi}$，可得

$$\dot{V}=-\boldsymbol{s}^{\mathrm{T}}\boldsymbol{K}_1\boldsymbol{s}-\boldsymbol{s}^{\mathrm{T}}\boldsymbol{K}_2\,\mathrm{sig}^{\gamma}(\boldsymbol{s}) \tag{2.55}$$

式(2.55)表明，系统轨迹将渐近收敛到滑模面 $\boldsymbol{s}=\boldsymbol{0}$。根据 FTSM 有限时间收敛特性，系统到达滑模面后，系统状态误差也将收敛到零。

当 $|u_{fi}|<u_m$ 时，系统轨线在 B 区域，可用 2.2.2 节中相平面分析方法证明系统稳定性，在此不再赘述。

证毕。

注 2.4　趋近律 $\dot{s}=-\boldsymbol{K}_1\boldsymbol{s}-\boldsymbol{K}_2\,\mathrm{sig}^{\gamma}(\boldsymbol{s})$为连续函数，因而如式(2.45)所示的控制力$\boldsymbol{U}$连续。因此，控制力$\boldsymbol{U}$无抖振且非奇异。但是，实际控制输入(洛伦兹航天器荷质比 q_{L}^{*} 与推力器推力$\boldsymbol{U}_{\mathrm{C}}^{*}$)在 $\|\boldsymbol{l}\|=0$ 处非连续。

2.2.3　数值仿真与分析

本节给出三个算例，其中算例 1、算例 2 和算例 3 分别为洛伦兹力辅助交会、编队和悬停任务。每个算例的仿真目的总结如下。

(1)算例 1，验证 2.2.2 节中提出的新型 FNTSM 控制器，并引入 NTSM 控制器进行对比以验证其快速性优点。

(2)算例 2，验证 2.2.2 节中的 AFNTSM 控制器，并引入比例-积分-微分(proportion integration differentiation，PID)控制器进行对比以验证其控制性能优势。

(3)算例 3，验证 2.2.2 节中的参数自适应律，引入非自适应控制器进行对比以验证参数自适应律的必要性。

1. 算例 1

本算例以洛伦兹力辅助交会为任务背景。引入文献[120]中的 NTSM 控制器进行对比，单独验证 2.2.2 节中新型 FNTSM 控制器的快速性。为避免参数自适应律等其他因素对比较结果的影响，本算例中不考虑参数不确定性以及其他外部扰动。假设洛伦兹航天器质量精确已知，为 $m_{\mathrm{L}}=600\mathrm{kg}$，且外部扰动为 $\boldsymbol{D}=\boldsymbol{0}$。由于不考虑参数自适应律，AFNTSM 控制器和自适应非奇异终端滑模(adaptive NTSM，ANTSM)控制器分别变为 FNTSM 控制器和 NTSM 控制器。由式(2.45)得，令 $\zeta=0$，即可由 FNTSM 控制器退化为 NTSM 控制器。基于此，两类控制器可分别表示为

$$\boldsymbol{U}_{\mathrm{FNTSM}}=m_{\mathrm{L}}[-\boldsymbol{F}(\boldsymbol{\rho},\dot{\boldsymbol{\rho}})+\ddot{\boldsymbol{\rho}}_{\mathrm{d}}-\zeta\dot{\boldsymbol{e}}+\mathrm{sat}(\boldsymbol{u}_{\mathrm{f}},u_{\mathrm{m}})]-\boldsymbol{K}_1\boldsymbol{s}-\boldsymbol{K}_2\,\mathrm{sig}^{\gamma}(\boldsymbol{s}) \quad (2.56)$$

和

$$\boldsymbol{U}_{\mathrm{NTSM}}=m_{\mathrm{L}}[-\boldsymbol{F}(\boldsymbol{\rho},\dot{\boldsymbol{\rho}})+\ddot{\boldsymbol{\rho}}_{\mathrm{d}}+\mathrm{sat}(\boldsymbol{u}_{\mathrm{f}},u_{\mathrm{m}})]-\boldsymbol{K}_1\boldsymbol{s}-\boldsymbol{K}_2\,\mathrm{sig}^{\gamma}(\boldsymbol{s}) \quad (2.57)$$

假设主航天器运行于低轨椭圆轨道，其初始时刻轨道根数列于表 2.1。为实现交会，要求在终端时刻主从航天器以零相对速度抵达同一位置，即$\boldsymbol{\rho}_{\mathrm{d}}=\boldsymbol{0}$ 和$\dot{\boldsymbol{\rho}}_{\mathrm{d}}=\boldsymbol{0}$。因此，在式(2.56)和式(2.57)中，有 $\ddot{\boldsymbol{\rho}}_{\mathrm{d}}=\boldsymbol{0}$。地磁轴倾角为 $\alpha=11.3°$，且假设初始时刻地磁轴相位角为 $\Omega_0=-60°$。假设初始时刻相对位置和相对速度误差分别为$\boldsymbol{e}_0=[0\quad 500\quad 500]^{\mathrm{T}}\mathrm{m}$ 和$\dot{\boldsymbol{e}}_0=[-1\quad 1\quad 0]^{\mathrm{T}}\mathrm{m/s}$。其他控制器参数列于表 2.2。

表 2.1 主航天器初始时刻轨道根数(算例 1)

轨道根数	数值
长半轴/km	6928.137
偏心率	0.0072
轨道倾角/(°)	15
升交点赤经/(°)	50
近地点幅角/(°)	0
真近点角/(°)	0

表 2.2 控制器参数(算例 1)[121]

控制器	参数
FNTSM(NTSM)	$p=5$, $q=3$, $\zeta=4\times10^{-3}(\zeta=0)$, $\xi=3\times10^{-3}$, $\gamma=1/3$, $\boldsymbol{K}_1=\mathrm{diag}(0.5,0.5,0.5)$, $\boldsymbol{K}_2=\mathrm{diag}(6\times10^{-5},6\times10^{-5},6\times10^{-5})$, $\eta=0,\boldsymbol{W}=\mathrm{diag}(0,0,0)$, $u_\mathrm{m}=2\times10^{-4}$

由于 $e_x(0)=0$ 且 $u_{\mathrm{f}x}(0)=-\xi(q/p)[e_x(0)]^{q/p-1}\dot{e}_x(0)$,所以 $u_{\mathrm{f}x}(0)$在初始时刻奇异,即 $u_{\mathrm{f}x}(0)\to\infty$。若忽略该问题,则控制器奇异。由于无法在图中标示出无穷值,所以图 2.6 中并未给出 $u_{\mathrm{f}x}(0)$。实际上,图 2.6 中的起始时刻为 $e_x(t_0)=-10^{-12}$。考虑到-10^{-12}非常接近于 0,因此 t_0 也非常接近于真实的起始时刻,即 $t_0\approx0$。如图 2.6 所示,对于两类控制器,均有 $u_{\mathrm{f}x}(t_0)\approx120\mathrm{m/s^2}$。在轨很难实现如此大的控制加速度,且控制器近乎奇异。可见,由于在初始时刻$|u_{\mathrm{f}x}|$超过了阈值u_m,该项将被饱和函数项 $u_\mathrm{m}\mathrm{sgn}(u_{\mathrm{f}x})$代替以消除奇异。

图 2.7 和图 2.8 分别给出两类控制器的相对位置误差轨迹和相对速度误差轨迹。显然,FNTSM 控制器的收敛速度更快,且大约在一个周期后实现交会。相反,NTSM 控制器需消耗大约三个周期的时间以完成交会。图 2.9 给出实现交会所需的控制力轨迹,且图 2.10 给出实际控制输入轨迹,即航天器带电量与推力器推力。可见,控制过程中未发生奇异,证明了 FNTSM 控制器解决奇异问题的能力。

两类控制器的性能参数总结于表 2.3。t_s 为调节时间,其定义为相对距离误差$\|\boldsymbol{e}\|$收敛并保持在其初值 1%范围内所需的时间,即$\forall t\geqslant t_\mathrm{s}$, $\|\boldsymbol{e}(t)\|\leqslant1\%\|\boldsymbol{e}_0\|$。$\|\boldsymbol{e}\|_{\max}$和$\|\boldsymbol{e}\|_{\mathrm{mean}}$分别表示控制过程的最大相对距离误差和平均相对距离误差。ΔV 为洛伦兹航天器所需的速度增量消耗,其定义如式(2.48)所示。J_E 为控制能耗,其定义为

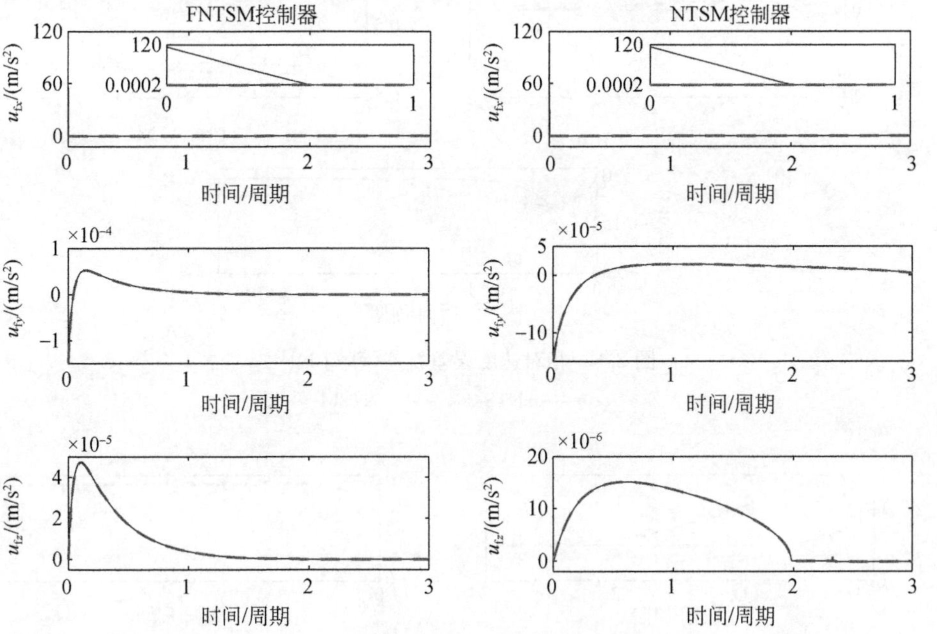

图 2.6　$\boldsymbol{u}_{\mathrm{f}}$ 和 $\mathrm{sat}(\boldsymbol{u}_{\mathrm{f}}, u_{\mathrm{m}})$ 轨迹(算例 1)[121]

—— $\boldsymbol{u}_{\mathrm{f}}$；– – – $\mathrm{sat}(\boldsymbol{u}_{\mathrm{f}}, u_{\mathrm{m}})$

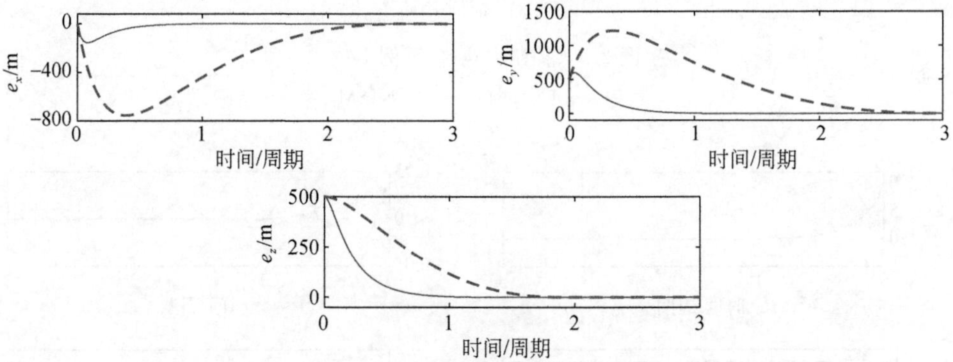

图 2.7　相对位置误差轨迹(算例 1)[121]

—— FNTSM；– – – NTSM

$$J_{\mathrm{E}} = \int_{t_0}^{t_{\mathrm{f}}} (\boldsymbol{U}^{\mathrm{T}}\boldsymbol{U}/2)\mathrm{d}t \tag{2.58}$$

可见，对于所有的控制性能参数，FNTSM 控制器均优于 NTSM 控制器，这也证明了 FNTSMC 的快速性优势。

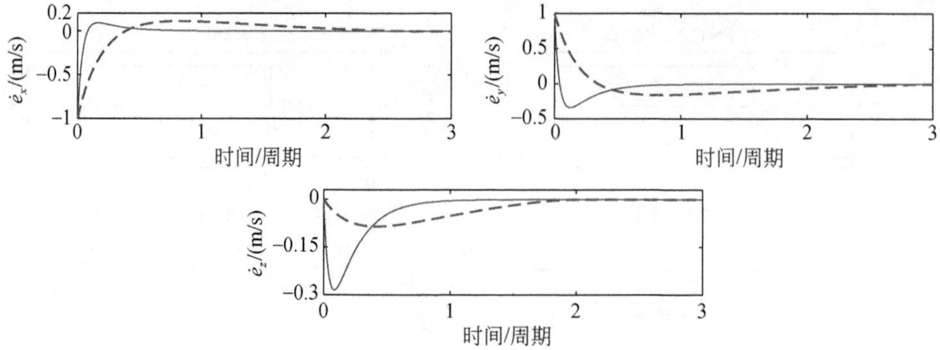

图 2.8　相对速度误差轨迹(算例 1)[121]

—— FNTSM；- - - NTSM

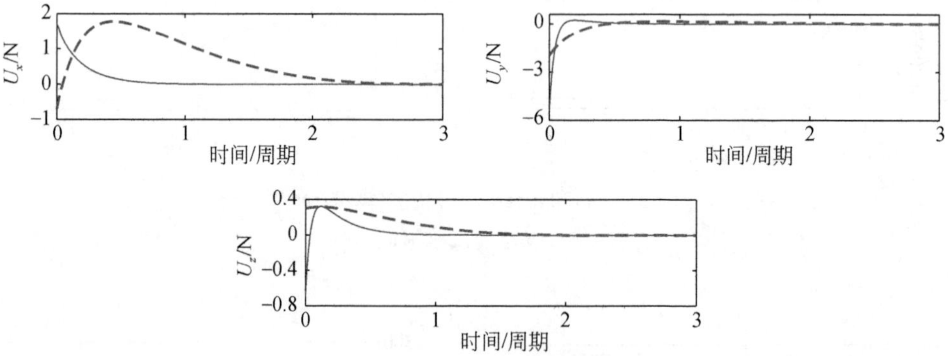

图 2.9　控制力轨迹(算例 1)[121]

—— FNTSM；- - - NTSM

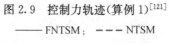

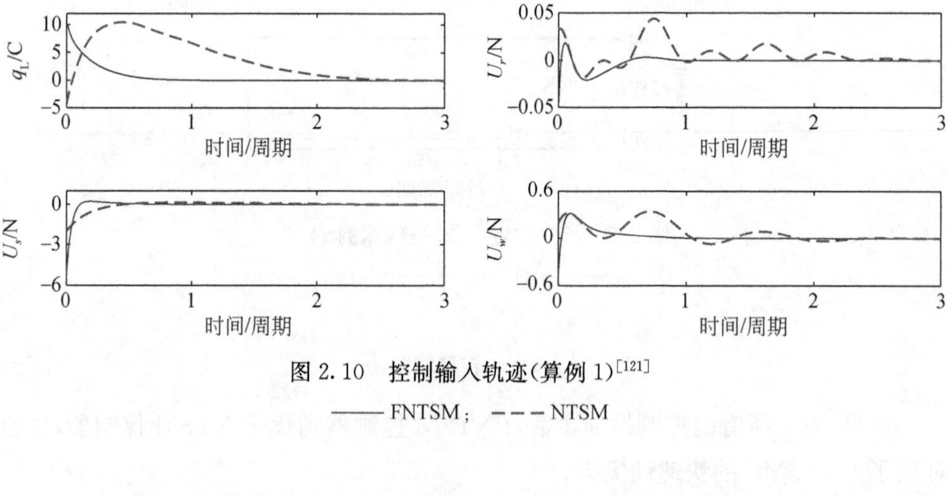

图 2.10　控制输入轨迹(算例 1)[121]

—— FNTSM；- - - NTSM

表 2.3　控制器性能参数(算例 1)[121]

控制器	t_s/周期	$\|\boldsymbol{e}\|_{max}$/m	$\|\boldsymbol{e}\|_{mean}$/m	ΔV/(m/s)	$J_E/(N^2 \cdot s)$
FNTSM	1.00	772.93	71.65	2.68	2.37×10^3
NTSM	2.74	1478.78	575.43	5.50	8.21×10^3

2. 算例 2

算例 1 中验证了 FNTSM 控制器的快速性优点,本算例验证 AFNTSM 控制器的控制性能,并与 PID 控制器进行对比。初始时刻主航天器轨道根数如表 2.1 所示,且初始时刻地磁轴相位角为 $\Omega_0=-60°$。假设航天器质量为 $m_L=600$kg。根据文献[122]中给出的椭圆轨道编队构形条件,假设期望编队构形的初始相对运动状态为

$$\begin{cases} x_d(0)=0, & y_d(0)=1000, & z_d(0)=0 \\ \dot{x}_d(0)=0.555, & \dot{y}_d(0)=-1.811\times10^{-4}, & \dot{z}_d(0)=1.110 \end{cases} \tag{2.59}$$

式中,相对位置分量的单位为 m,相对速度分量的单位为 m/s。

假设初始时刻相对位置误差和相对速度误差分别为 $\boldsymbol{e}_0=[200\quad -200\quad 100]^T$m 和 $\dot{\boldsymbol{e}}_0=[-1\quad 1\quad 1]^T$m/s。由于 J_2 摄动是 LEO 最主要的摄动力之一,将其引入动力学模型作为外部扰动 $\boldsymbol{D}$。

J_2 摄动由地球扁率和不均匀性引起,在 ECI 坐标系中的表述[123]为

$$\boldsymbol{a}_J(\boldsymbol{R}_i)=-\frac{3\mu J_2 R_E^2}{2\|\boldsymbol{R}_i\|^7}\begin{bmatrix} X_i^3+X_iY_i^2-4X_iZ_i^2 \\ X_i^2Y_i+Y_i^3-4Y_iZ_i^2 \\ 3X_i^2Z_i+3Y_i^2Z_i-2Z_i^3 \end{bmatrix},\quad i=C,L \tag{2.60}$$

式中,$\boldsymbol{R}_C=[X_C\quad Y_C\quad Z_C]^T$ 和 $\boldsymbol{R}_L=[X_L\quad Y_L\quad Z_L]^T$ 分别为主从航天器在 ECI 坐标系中的地心距矢量。$J_2=1.0826\times10^{-3}$ 为二阶带谐系数,且 R_E 为地球半径。

影响相对轨道运动的为主从航天器间的相对 J_2 摄动加速度,其具体表达式为 $\Delta\boldsymbol{a}_J=\boldsymbol{a}_J(\boldsymbol{R}_L)-\boldsymbol{a}_J(\boldsymbol{R}_C)$。需要注意的是,式(2.60)为 J_2 摄动加速度在 ECI 坐标系中的表述。为得到 $\Delta\boldsymbol{a}_J$ 在 LVLH 坐标系中的表述,需进行从 ECI 坐标系至 LVLH 坐标系的坐标转换。通常情况下,对于典型的低轨道,若航天器之间的相对距离在几公里内,则对应的相对 J_2 摄动加速度为 10^{-6} m/s^2 数量级。

同时,为进一步验证闭环系统对外部扰动的鲁棒性,引入另一类周期性摄动力 $\boldsymbol{D}_p$,即

$$\boldsymbol{D}_{\mathrm{p}}=D_{\mathrm{pm}}\begin{bmatrix}\sin(n_{\mathrm{C}}t)\\0.5\sin(n_{\mathrm{C}}t/2)\\\cos(n_{\mathrm{C}}t/2)\end{bmatrix} \tag{2.61}$$

式中，D_{pm}为常值，本算例中假设为 6×10^{-4}N。$n_{\mathrm{C}}=\sqrt{\mu/a_{\mathrm{C}}^3}$ 为主航天器平均轨道角速度，且 a_{C} 为主航天器轨道长半轴。

AFNTSMC 的控制力如式(2.45)所示，且 PID 的控制力设计[124,125]为

$$\boldsymbol{U}_{\mathrm{PID}}=-K_{\mathrm{p}}\boldsymbol{e}-K_{\mathrm{i}}\int_0^t\boldsymbol{e}(\tau)\mathrm{d}\tau-K_{\mathrm{d}}\dot{\boldsymbol{e}} \tag{2.62}$$

式中，K_{p}、K_{i} 和 K_{d} 均为正常数。$\boldsymbol{U}_{\mathrm{PID}}$为总控制力，为得到实际的控制输入(带电量与推力器推力)，仍需按照如式(2.43)和式(2.44)所示的最优配比进行分配。

两类控制器参数总结于表 2.4。需要注意的是，控制器参数选取准则为：保证两类控制器完成编队控制任务所需的控制能耗相同。基于相同控制能耗原则，可保证两类控制器的可比性，其对比结果也更有意义。

表 2.4 控制器参数(算例 2)[121]

控制器	参数
AFNTSM	$p=11$，$q=9$，$\zeta=4.4\times10^{-3}$，$\xi=3\times10^{-3}$，$\gamma=1/3$，$u_{\mathrm{m}}=2\times10^{-4}$， $\boldsymbol{K}_1=\mathrm{diag}(0.9,0.9,0.9)$，$\boldsymbol{K}_2=\mathrm{diag}(6\times10^{-4},6\times10^{-4},6\times10^{-4})$，$\eta=10^{-2}$， $\boldsymbol{W}=\mathrm{diag}(10^{-7},10^{-7},10^{-7})$，$\overline{m}_{\mathrm{L}}(0)=590\mathrm{kg}$，$\overline{\boldsymbol{D}}(0)=\boldsymbol{0}$
PID	$K_{\mathrm{p}}=6.12\times10^{-3}$，$K_{\mathrm{i}}=6\times10^{-6}$，$K_{\mathrm{d}}=3$

图 2.11 和图 2.12 分别给出两类控制器的相对位置误差轨迹和相对速度误差轨迹。由图可知，两类控制器均可消除初始误差，并对外部扰动保持一定的鲁棒性，但 AFNTSM 控制器的收敛速度明显优于 PID。以相对位置误差为例，AFNTSM 控制器大约需要半个周期时间将系统状态驱动至期望值，而 PID 需要消耗大约三个周期。AFNTSM 控制器的相对位置与相对速度稳态控制精度分别为 10^{-2}m 和 10^{-4}m/s 数量级。

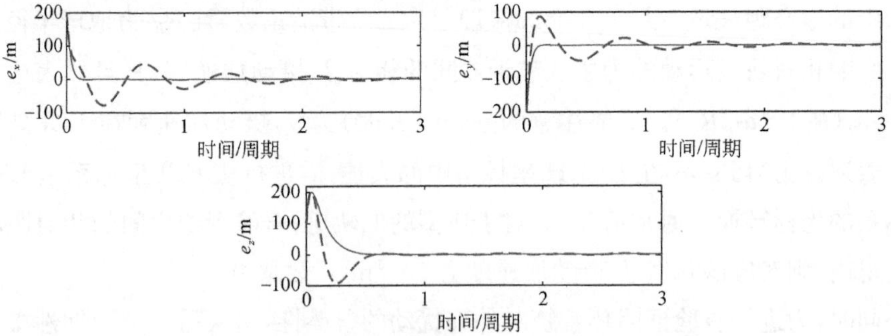

图 2.11 相对位置误差轨迹(算例 2)[121]

——— AFNTSM； ‑ ‑ ‑ ‑ PID

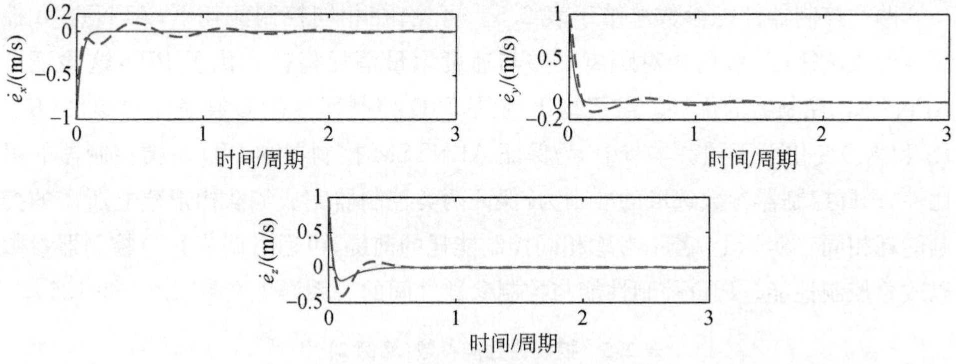

图 2.12　相对速度误差轨迹(算例 2)[121]

—— AFNTSM；　- - - PID

图 2.13 给出控制输入轨迹。可见，控制输入非奇异且无明显抖振。图 2.14 给出 AFNTSM 控制器自适应参数估值轨迹。需要注意的是，参数估值并不需要收敛至真值，其自适应更新的目的是保证系统的稳定性与鲁棒性[78,119]。

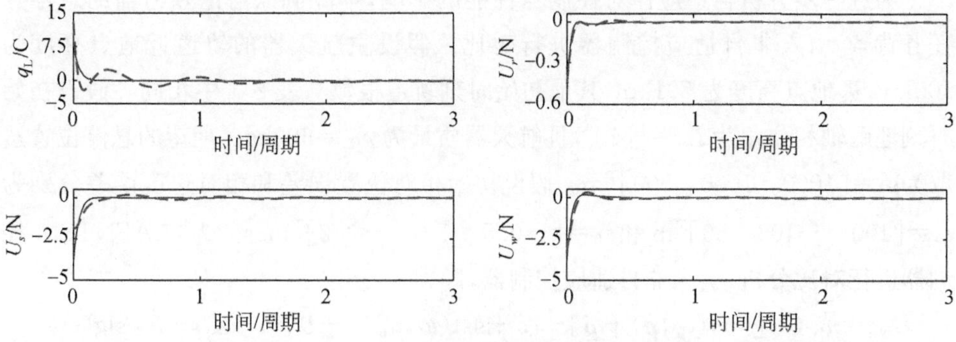

图 2.13　控制输入轨迹(算例 2)[121]

—— AFNTSM；　- - - PID

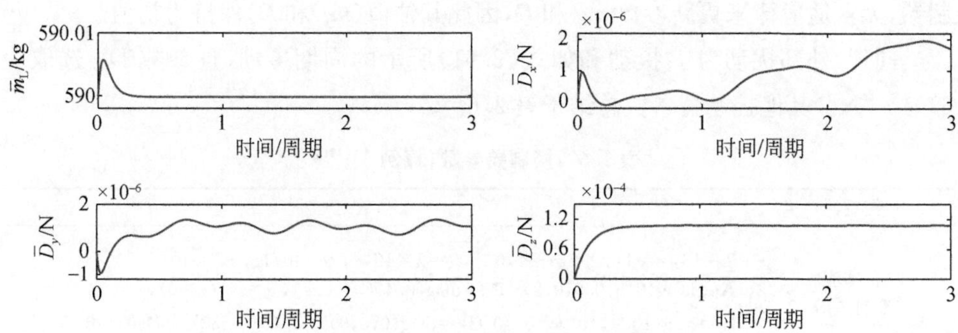

图 2.14　AFNTSM 控制器自适应参数估值轨迹[121]

两类控制器性能参数总结于表 2.5。可见，在相同控制能耗下，AFNTSM 控制器的收敛速度、平均相对距离误差与速度增量消耗指标均优于 PID，这验证了 AFNTSM 控制器的优势。需要指出的是，PID 控制器性能参数随控制参数（K_p、K_i 和 K_d）变化而不同。本节中，为保证 AFNTSM 控制器和 PID 两类控制器的可比性，PID 控制器参数选取的准则为：保证两类控制器完成编队构形建立所需的控制能耗相同。实际上，若不考虑相同控制能耗的前提，可通过调节 PID 控制器参数以改善控制性能。PID 控制性能与控制参数之间的关系详见文献[124]和[125]。

表 2.5　控制器性能参数（算例 2）[121]

控制器	t_s/周期	$\lVert \boldsymbol{e} \rVert_{\max}$/m	$\lVert \boldsymbol{e} \rVert_{\text{mean}}$/m	ΔV/(m/s)	J_E/($N^2 \cdot s$)
AFNTSM	0.49	300	13.56	2.32	1.74×10^3
PID	2.72	300	30.86	3.56	1.74×10^3

3. 算例 3

为进一步分析自适应律对控制器性能的影响，本算例以洛伦兹力辅助悬停为任务背景，引入非自适应控制器进行对比。假设主航天器的轨道近地点高度为 500km，远地点高度为 501km，其他初始时刻轨道根数与表 2.1 中相同。假设初始时刻地磁轴相位角为 $\Omega_0=-60°$，且航天器质量为 $m_L=600\text{kg}$。期望的悬停位置选取为 $\boldsymbol{\rho}_d=[1000\quad 1000\quad 500]^T\text{m}$。假设初始相对位置误差和相对速度误差分别为 $\boldsymbol{e}_0=[100\quad -100\quad 50]^T\text{m}$ 和 $\dot{\boldsymbol{e}}_0=[-0.5\quad 0.5\quad -0.2]^T\text{m/s}$。为与 AFNTSM 控制器进行对比分析，引入非自适应控制器，即

$$\boldsymbol{U}_{\text{non}}=\overline{m}_L(0)[-\boldsymbol{M}(\boldsymbol{\rho},\dot{\boldsymbol{\rho}})+\ddot{\boldsymbol{\rho}}_d-\zeta\dot{\boldsymbol{e}}+\text{sat}(\boldsymbol{u}_f,u_m)]-\overline{\boldsymbol{D}}(0)-\boldsymbol{K}_1\boldsymbol{s}-\boldsymbol{K}_2\,\text{sig}^{\gamma}(\boldsymbol{s}) \tag{2.63}$$

式中，$\overline{m}_L(0)$ 和 $\overline{\boldsymbol{D}}(0)$ 分别为航天器质量与外部扰动的初始估值。对于非自适应控制器，无自适应律来更新参数 $\overline{m}_L$ 和 $\overline{\boldsymbol{D}}$，因此其估值（$\overline{m}_L$ 和 $\overline{\boldsymbol{D}}$）保持为初值。

同理，外部扰动为 J_2 摄动和如式(2.61)所示的周期摄动，且参数 D_{pm} 选取为 6×10^{-4}N。其他控制器参数总结于表 2.6。

表 2.6　控制器参数（算例 3）[121]

控制器	参数
自适应 （非自适应）	$p=13$，$q=11$，$\zeta=2.3\times10^{-2}$，$\xi=2\times10^{-3}$，$\gamma=10/11$，$u_m=10^{-3}$， $\boldsymbol{K}_1=\text{diag}(0.9,0.9,0.9)$，$\boldsymbol{K}_2=\text{diag}(0.4,0.4,0.4)$，$\eta=20$ ($\eta=0$)， $\boldsymbol{W}=\text{diag}(10^{-7},10^{-7},10^{-7})$ ($\boldsymbol{W}=\text{diag}(0,0,0)$)，$\overline{m}_L(0)=650\text{kg}$，$\overline{\boldsymbol{D}}(0)=\boldsymbol{0}$

图 2.15 和图 2.16 分别给出自适应与非自适应控制器的相对位置误差轨迹与相对速度误差轨迹，且图 2.17 给出相对距离误差 $\|\boldsymbol{e}\|$ 的轨迹。可见，自适应控制器的稳态控制误差比非自适应控制器至少小一个数量级，这证明了自适应律的有效性。因此，可得出结论：引入自适应律处理未知不确定参数，可提高控制精度。

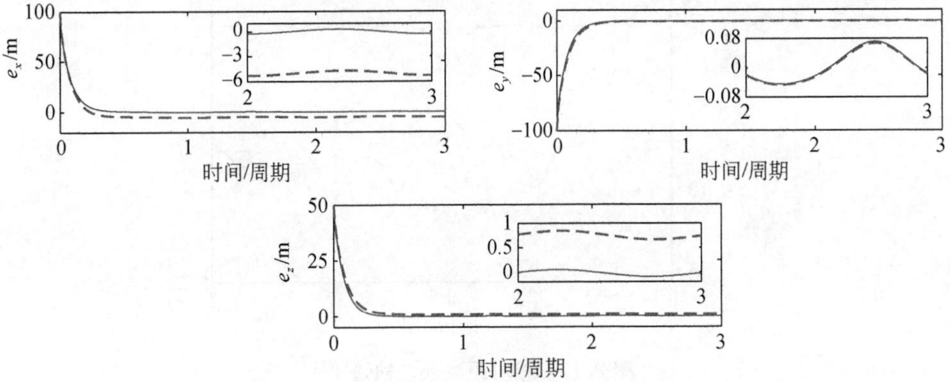

图 2.15　相对位置误差轨迹(算例 3)[121]

——自适应；　– – – 非自适应

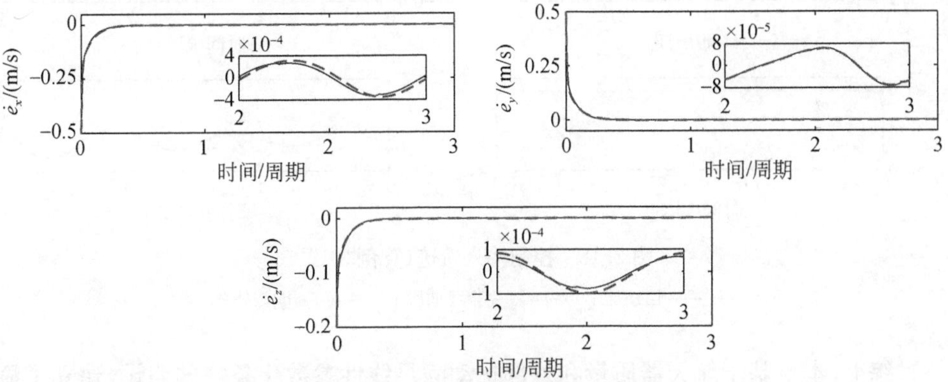

图 2.16　相对速度误差轨迹(算例 3)[121]

——自适应；　– – – 非自适应

控制输入轨迹如图 2.18 所示。同理可见，控制输入非奇异且无抖振。对于 600kg 的航天器，实现悬停所需的荷质比在近期可实现的范围内，即 0.03C/kg。与传统采用化学推进进行悬停的方式相比，由式(2.51)得，可节省约 80.5%的速度增量消耗。前述仿真结果验证了 AFNTSM 控制器的有效性及控制性能。

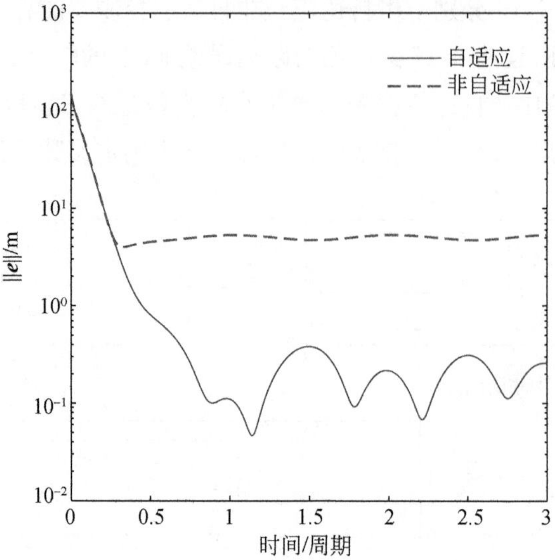

图 2.17　相对距离误差轨迹[121]

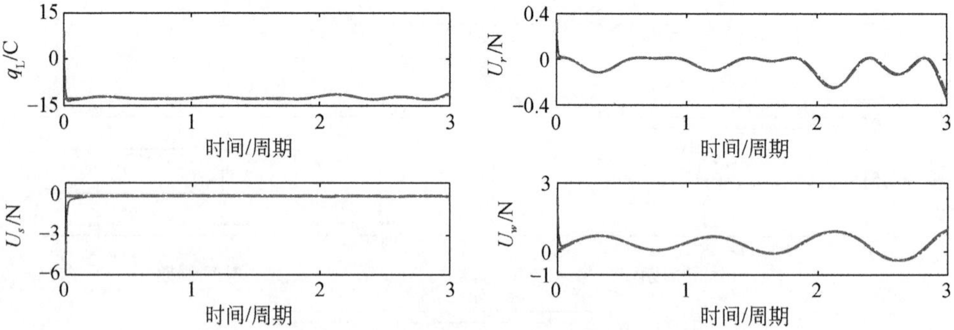

图 2.18　控制输入轨迹(算例 3)[121]

——— 自适应；　- - - - 非自适应；　—·—·— 期望轨迹

综上，本节基于航天器质量和外部扰动满足线性参数化条件的假设，建立了显含质量和扰动参数的相对轨道动力学模型。针对常规 TSM 的收敛速度与奇异性问题，提出一类 FNTSM，并证明了该类滑模的有限时间收敛特性。该方法中引入线性项以解决收敛速度问题，并以饱和函数项替换奇异项以解决奇异性问题。基于此，设计自适应控制器以保证在不确定系统参数和外部扰动条件下的闭环系统稳定性，其中，参数自适应律依据李雅普诺夫稳定性理论设计。基于理论分析与数值仿真结果，得出以下结论。

(1)本节提出的 FNTSM 可同时解决常规 TSM 中存在的收敛速度与奇异性

问题，并可保证系统的有限时间收敛，从而满足控制器设计的快速性、高精度和鲁棒性要求。

(2)通过引入线性项，使 FNTSM 控制器的收敛速度优于 NTSM 控制器。

(3)通过引入参数自适应律，使 AFNTSM 控制器可在未知参数和外部扰动条件下实现 LASRM 快速高精度控制，在相同控制能耗前提下，其各项控制性能指标均优于 PID 控制器。

(4)与非自适应控制器的性能对比表明在参数不确定条件下需引入自适应律以保证控制精度。

2.3　非线性不确定自适应控制

本节以典型相对轨道控制任务——洛伦兹力辅助航天器编队飞行(Lorentz-augmented spacecraft formation flying, LASFF)为例，介绍洛伦兹航天器相对轨道全驱动自适应控制方法。与 2.2 节中自适应控制方法不同的是，本节假设系统未知参数不满足线性参数化条件，属于更为一般的情况，因此称本节中的控制方法为非线性不确定自适应控制。

2.2 节中的自适应控制方法要求未知参数满足线性参数化条件，并且忽略了近似磁场模型的误差。实际上，若引入磁场估计误差项，则系统扰动项中的不确定参数，如航天器质量、磁场估计误差等，不再满足线性参数化条件。为实现更为一般条件下的自适应控制，本节引入神经网络。径向基函数神经网络(radial basis function neural network, RBFNN)可以任意精度逼近定义在紧集上的光滑函数[126,127]。基于此，本节引入 RBFNN 估计系统未知不确定函数，并依据李雅普诺夫理论设计神经网络自适应调节律。需要注意的是，尽管 RBFNN 近似精度很高，但仍然存在近似误差，且近似误差未知。因此，部分已有神经网络控制器仅能保证闭环系统有界稳定，即在控制增益足够大时，可保证系统误差足够小。换言之，此类控制器不能保证系统渐近收敛至平衡点。若要保证系统的渐近稳定性，则需已知近似误差上界。然而，实际情况中，很难事先精确已知近似误差上界。为解决该问题，本节提出另一类自适应律用以估计近似误差上界。同理，该自适应律基于李雅普诺夫方法设计，用以保证闭环的渐近稳定性。通过引入该自适应律，本节提出的控制方法无须已知近似误差上界，并可保证闭环系统的渐近稳定性。

此外，为保证闭环 LASFF 系统对外部扰动的鲁棒性，基于 SMC 方法对匹配性扰动的不敏感性，本节仍采用 SMC 方法。如 2.2 节中所述，传统的 FTSM 控制器中存在奇异和抖振问题[128]。解决奇异问题的常规方法为切换函数法，解决抖振问题的常规方法为边界层法。然而，边界层法仅能保证边界层外的滑模控制，在边界层内系统为高增益反馈控制系统，并不具备滑模控制对匹配性扰动的鲁棒性。基于此，本节采用另一类二阶滑模控制(second order SMC，SOSMC)方法以同时解决奇异与抖振问题[129-138]。在一阶滑模控制中，通常采用由符号函数构成的非连续切换控制项以保证系统对匹配性扰动的鲁棒性。因此，该项可能引起系统轨迹沿滑模面的高频振荡，即抖振问题。不同的是，在 SOSMC 中，该切换控制项出现在控制输入对时间的导数项中[129]。通过积分实际的控制输入为连续函数，也就避免了抖振问题[134]。同时，采用 SOSMC 方法可有效避免奇异问题[134]。有关细节将于本节中详述。

综上，本节基于 RBFNN 方法设计自适应二阶快速终端滑模(adaptive second order FTSM，ASOFTSM)控制器，以同时解决系统非线性不确定项以及外部扰动等问题，具体研究内容如下。

(1)建立一般条件下的 LASFF 动力学模型，基于此采用 RBFNN 和 SOSMC 方法设计自适应控制器以实现该条件下的闭环系统自适应控制。

(2)设计 RBFNN 自适应调节律对系统非线性不确定项进行实时估计，并保证闭环系统的渐近稳定性。

(3)设计 RBFNN 近似误差上界估计的自适应律，并保证闭环系统的渐近稳定性。

(4)引入其他有界稳定控制器进行对比，以证明渐近稳定控制器在控制精度方面的优势。

2.3.1 非线性不确定相对轨道动力学模型

定义 $\boldsymbol{\rho}=[x \quad y \quad z]^{\mathrm{T}}$ 为航天器相对位置矢量。参照 2.2.1 节，考虑外部摄动及系统不确定性因素，受摄 LASRM 动力学系统可表述为

$$\begin{aligned}\ddot{\boldsymbol{\rho}} &=\boldsymbol{F}(\boldsymbol{\rho},\dot{\boldsymbol{\rho}})+(G+\Delta G)\overline{\boldsymbol{U}}+\boldsymbol{d}\\&=\boldsymbol{F}(\boldsymbol{\rho},\dot{\boldsymbol{\rho}})+(G+\Delta G)(\boldsymbol{U}+\Delta\boldsymbol{U})+\boldsymbol{d}\\&=\boldsymbol{F}(\boldsymbol{\rho},\dot{\boldsymbol{\rho}})+(G+\Delta G)\{q_{\mathrm{L}}[\boldsymbol{l}(\boldsymbol{\rho},\dot{\boldsymbol{\rho}})+\Delta\boldsymbol{l}(\boldsymbol{\rho},\dot{\boldsymbol{\rho}})]+\boldsymbol{U}_{\mathrm{C}}\}+\boldsymbol{d}\\&=\boldsymbol{F}(\boldsymbol{\rho},\dot{\boldsymbol{\rho}})+G[q_{\mathrm{L}}\boldsymbol{l}(\boldsymbol{\rho},\dot{\boldsymbol{\rho}})+\boldsymbol{U}_{\mathrm{C}}]+\boldsymbol{D}\end{aligned}\tag{2.64}$$

式中，$G=m_{\mathrm{L}}^{-1}$，且 m_{L} 为洛伦兹航天器质量；$\boldsymbol{F}(\boldsymbol{\rho},\dot{\boldsymbol{\rho}})$的表达式如式(2.2)所示。$\boldsymbol{U}=\boldsymbol{U}_{\mathrm{C}}+\boldsymbol{U}_{\mathrm{L}}=m_{\mathrm{L}}(\boldsymbol{a}_{\mathrm{C}}+\boldsymbol{a}_{\mathrm{L}})$为由推力器控制力$\boldsymbol{U}_{\mathrm{C}}$与洛伦兹力$\boldsymbol{U}_{\mathrm{L}}=q_{\mathrm{L}}\boldsymbol{l}(\boldsymbol{\rho},\dot{\boldsymbol{\rho}})$构成的总控

制力，其中，$\boldsymbol{a}_{\mathrm{C}}=[a_r \quad a_s \quad a_w]^{\mathrm{T}}$ 和$\boldsymbol{a}_{\mathrm{L}}=[a_x \quad a_y \quad a_z]^{\mathrm{T}}$ 分别为推力器控制加速度与洛伦兹加速度。$\Delta G=(m_{\mathrm{L}}+\Delta m_{\mathrm{L}})^{-1}-m_{\mathrm{L}}^{-1}$ 为有界质量不确定项，$\boldsymbol{d}$ 为有界外部摄动，满足 $\|\boldsymbol{d}\|\leqslant d_{\mathrm{m}}(d_{\mathrm{m}}>0)$。$\overline{\boldsymbol{U}}=q_{\mathrm{L}}(\boldsymbol{l}+\Delta\boldsymbol{l})+\boldsymbol{U}_{\mathrm{C}}$ 且 $\Delta\boldsymbol{U}=q_{\mathrm{L}}\Delta\boldsymbol{l}$，$\Delta\boldsymbol{l}=\boldsymbol{V}_{\mathrm{r}}\times\Delta\boldsymbol{B}$ 为倾斜地磁轴假设造成的有界模型误差，且 $\Delta\boldsymbol{B}$ 为有界磁场误差。因此，总有界模型误差与外部摄动为 $\boldsymbol{D}=\Delta G\overline{\boldsymbol{U}}+Gq_{\mathrm{D}}\Delta\boldsymbol{l}+\boldsymbol{d}$，满足 $\|\boldsymbol{D}\|\leqslant D_{\mathrm{m}}(D_{\mathrm{m}}>0)$。

2.3.2　闭环自适应控制

1. 径向基函数神经网络

RBFNN 可以任意精度逼近定义在紧集上的任意非线性函数，因此广泛应用于自适应控制设计，用以估计不确定项。对于连续非线性函数 $\boldsymbol{f}(\boldsymbol{X})\in\mathbf{R}^n$，其 RBFNN 估计[139]为

$$\boldsymbol{f}(\boldsymbol{X})=\boldsymbol{W}^{*\mathrm{T}}\boldsymbol{h}(\boldsymbol{X})+\boldsymbol{\varepsilon} \tag{2.65}$$

$$h_j(\boldsymbol{X})=\exp(-\|\boldsymbol{X}-\boldsymbol{C}_j\|^2/2b_j^2),\quad j=1,2,\cdots,m \tag{2.66}$$

式中，$\boldsymbol{X}$ 为输入向量；m 为神经元数量，且 $\boldsymbol{h}=[h_1 \quad h_2 \quad \cdots \quad h_m]^{\mathrm{T}}$；$\boldsymbol{C}_j$ 与 b_j 分别为第 j 个神经元的中心与宽度。$\boldsymbol{W}^*\in\mathbf{R}^{m\times n}$ 为理想权值，且 $\boldsymbol{\varepsilon}$ 为估计误差，满足 $\|\boldsymbol{\varepsilon}\|\leqslant\varepsilon_{\mathrm{m}}(\varepsilon_{\mathrm{m}}>0)$。

控制器中非线性函数 $\boldsymbol{f}$ 的估值可表述为

$$\hat{\boldsymbol{f}}(\boldsymbol{X})=\hat{\boldsymbol{W}}^{\mathrm{T}}\boldsymbol{h}(\boldsymbol{X}) \tag{2.67}$$

式中，$\hat{\boldsymbol{W}}$ 为估计权值，其自适应律可由李雅普诺夫方法求得，以保证系统稳定性。

2. 二阶快速终端滑模

假设期望轨迹满足动力学方程：

$$\ddot{\boldsymbol{\rho}}_{\mathrm{d}}=\boldsymbol{F}_{\mathrm{d}}(\boldsymbol{\rho}_{\mathrm{d}},\dot{\boldsymbol{\rho}}_{\mathrm{d}})+G[q_{\mathrm{Ld}}\boldsymbol{l}_{\mathrm{d}}(\boldsymbol{\rho}_{\mathrm{d}},\dot{\boldsymbol{\rho}}_{\mathrm{d}})+\boldsymbol{U}_{\mathrm{Cd}}] \tag{2.68}$$

式中，q_{Ld}与$\boldsymbol{U}_{\mathrm{Cd}}$分别为期望最优带电量与推力器控制力，且$\boldsymbol{U}_{\mathrm{d}}=q_{\mathrm{Ld}}\boldsymbol{l}_{\mathrm{d}}+\boldsymbol{U}_{\mathrm{Cd}}$。

记$\boldsymbol{e}_\rho=\boldsymbol{\rho}-\boldsymbol{\rho}_{\mathrm{d}}=[e_x \quad e_y \quad e_z]^{\mathrm{T}}$ 与$\boldsymbol{e}_{\mathrm{v}}=\dot{\boldsymbol{\rho}}-\dot{\boldsymbol{\rho}}_{\mathrm{d}}=[\dot{e}_x \quad \dot{e}_y \quad \dot{e}_z]^{\mathrm{T}}$ 分别为相对位置误差与相对速度误差。因此，由式(2.64)与式(2.68)作差得到的误差动力学方程为

$$\ddot{\boldsymbol{e}}_\rho=\dot{\boldsymbol{e}}_{\mathrm{v}}=\boldsymbol{F}+G\boldsymbol{U}+\boldsymbol{D}-\ddot{\boldsymbol{\rho}}_{\mathrm{d}} \tag{2.69}$$

式中，$\boldsymbol{U}=q_{\mathrm{L}}\boldsymbol{l}+\boldsymbol{U}_{\mathrm{C}}$。

首先选取线性滑模面为

$$\boldsymbol{s}=[s_x \quad s_y \quad s_z]^{\mathrm{T}}=\boldsymbol{c}\boldsymbol{e}_\rho+\boldsymbol{e}_{\mathrm{v}} \tag{2.70}$$

式中，$\boldsymbol{c}=\mathrm{diag}(c_x,c_y,c_z)$为对称正定参数矩阵。式(2.70)的一阶和二阶时间导数分别为

$$\dot{\boldsymbol{s}}=\boldsymbol{c}\boldsymbol{e}_{\mathrm{v}}+\dot{\boldsymbol{e}}_{\mathrm{v}}, \quad \ddot{\boldsymbol{s}}=\boldsymbol{c}\dot{\boldsymbol{e}}_{\mathrm{v}}+\ddot{\boldsymbol{e}}_{\mathrm{v}} \tag{2.71}$$

为完成二阶滑模设计，FTSM 选取[82]为

$$\boldsymbol{\eta}=\dot{\boldsymbol{s}}+\boldsymbol{\zeta}\boldsymbol{s}+\boldsymbol{\xi}\boldsymbol{s}^{q/p} \tag{2.72}$$

式中，$\boldsymbol{\zeta}=\mathrm{diag}(\zeta_x,\zeta_y,\zeta_z)$与$\boldsymbol{\xi}=\mathrm{diag}(\xi_x,\xi_y,\xi_z)$为对称正定矩阵。正奇数 p 与 q 满足 $0<q/p<1$。利用选取的二阶 FTSM，自适应控制器设计如下所述。

3. 自适应控制器设计

对滑模面 $\boldsymbol{\eta}$ 求时间导数得

$$\dot{\boldsymbol{\eta}}=\ddot{\boldsymbol{s}}+\boldsymbol{\zeta}\boldsymbol{s}+\boldsymbol{\xi}\boldsymbol{s}^{q/p-1}\dot{\boldsymbol{s}} \tag{2.73}$$

式中，$\boldsymbol{s}^{q/p-1}=\mathrm{diag}(s_x^{q/p-1},s_y^{q/p-1},s_z^{q/p-1})$。

将式(2.69)与式(2.71)代入式(2.73)中，得

$$\begin{aligned}\dot{\boldsymbol{\eta}}&=\boldsymbol{c}\dot{\boldsymbol{e}}_{\mathrm{v}}+\ddot{\boldsymbol{e}}_{\mathrm{v}}+\boldsymbol{\zeta}\boldsymbol{s}+\boldsymbol{\xi}\boldsymbol{s}^{q/p-1}\dot{\boldsymbol{s}}\\&=\boldsymbol{c}\dot{\boldsymbol{e}}_{\mathrm{v}}+\dot{\boldsymbol{F}}(\boldsymbol{\rho},\dot{\boldsymbol{\rho}},\ddot{\boldsymbol{\rho}})+\boldsymbol{G}\dot{\boldsymbol{U}}+\dot{\boldsymbol{D}}(\boldsymbol{\rho},\dot{\boldsymbol{\rho}},\ddot{\boldsymbol{\rho}})-\dddot{\boldsymbol{\rho}}_{\mathrm{d}}(\boldsymbol{\rho}_{\mathrm{d}},\dot{\boldsymbol{\rho}}_{\mathrm{d}},\ddot{\boldsymbol{\rho}}_{\mathrm{d}})+\boldsymbol{\zeta}\boldsymbol{s}+\boldsymbol{\xi}\boldsymbol{s}^{q/p-1}\dot{\boldsymbol{s}}\end{aligned} \tag{2.74}$$

记 $\boldsymbol{f}(\boldsymbol{X})=\dot{\boldsymbol{D}}-\dddot{\boldsymbol{\rho}}_{\mathrm{d}}=\boldsymbol{W}^{*\mathrm{T}}\boldsymbol{h}(\boldsymbol{X})+\boldsymbol{\varepsilon}$，则 $\boldsymbol{f}$ 的估值为

$$\hat{\boldsymbol{f}}(\boldsymbol{X})=\hat{\boldsymbol{W}}^{\mathrm{T}}\boldsymbol{h}(\boldsymbol{X}) \tag{2.75}$$

式中，$\boldsymbol{X}=[\boldsymbol{\rho}^{\mathrm{T}} \quad \dot{\boldsymbol{\rho}}^{\mathrm{T}} \quad \ddot{\boldsymbol{\rho}}^{\mathrm{T}} \quad \boldsymbol{\rho}_{\mathrm{d}}^{\mathrm{T}} \quad \dot{\boldsymbol{\rho}}_{\mathrm{d}}^{\mathrm{T}} \quad \ddot{\boldsymbol{\rho}}_{\mathrm{d}}^{\mathrm{T}}]^{\mathrm{T}}$。

由于 $\dot{\boldsymbol{D}}$ 中包含 $\Delta\dot{\boldsymbol{l}}(\boldsymbol{\rho},\dot{\boldsymbol{\rho}},\ddot{\boldsymbol{\rho}})$项，所以输入向量 $\boldsymbol{X}$ 中包含相对加速度项 $\ddot{\boldsymbol{\rho}}$，但 $\ddot{\boldsymbol{\rho}}$ 很难在轨测得。由于航天器间相对速度 $\dot{\boldsymbol{\rho}}$ 与航天器飞行速度相比可忽略不计，即 $\|\dot{\boldsymbol{\rho}}\|\ll\|\mathrm{d}\boldsymbol{R}_i/\mathrm{d}t\|$ $(i=\mathrm{C},\mathrm{L})$，从航天器相对于当地磁场的速度$\boldsymbol{V}_{\mathrm{r}}$ 可由主航天器相对于当地磁场的速度 $\boldsymbol{V}_{\mathrm{rC}}$近似，即$\boldsymbol{V}_{\mathrm{rC}}=\dot{\boldsymbol{R}}_{\mathrm{C}}+(\dot{\boldsymbol{u}}_{\mathrm{C}}-\boldsymbol{\omega}_{\mathrm{E}})\times\boldsymbol{R}_{\mathrm{C}}$，$\boldsymbol{V}_{\mathrm{rC}}$仅与时间有关，与 $\dot{\boldsymbol{\rho}}$ 无关，即$\boldsymbol{V}_{\mathrm{r}}(\dot{\boldsymbol{\rho}})\approx\boldsymbol{V}_{\mathrm{rC}}$。因此，$\Delta\boldsymbol{l}(\boldsymbol{\rho},\dot{\boldsymbol{\rho}})=\boldsymbol{V}_{\mathrm{r}}(\dot{\boldsymbol{\rho}})\times\Delta\boldsymbol{B}(\boldsymbol{\rho})\approx\boldsymbol{V}_{\mathrm{rC}}\times\Delta\boldsymbol{B}(\boldsymbol{\rho})=\Delta\, \boldsymbol{l}_{\mathrm{C}}(\boldsymbol{\rho})$。同时，考虑到航天器间相对速度 $\dot{\boldsymbol{\rho}}$ 对从航天器与地磁场相对速度$\boldsymbol{V}_{\mathrm{r}}$ 影响甚小，可合理假设 $\Delta\boldsymbol{l}(\boldsymbol{\rho},\dot{\boldsymbol{\rho}})\approx\Delta\boldsymbol{l}(\boldsymbol{\rho},\dot{\boldsymbol{\rho}}_{\mathrm{d}})$。若上述任一关于 $\Delta\boldsymbol{l}$ 近似的假设成立，则输入向量 $\boldsymbol{X}$ 可修正为 $\hat{\boldsymbol{X}}=[\boldsymbol{\rho}^{\mathrm{T}} \quad \dot{\boldsymbol{\rho}}^{\mathrm{T}} \quad \boldsymbol{\rho}_{\mathrm{d}}^{\mathrm{T}} \quad \dot{\boldsymbol{\rho}}_{\mathrm{d}}^{\mathrm{T}} \quad \ddot{\boldsymbol{\rho}}_{\mathrm{d}}^{\mathrm{T}}]^{\mathrm{T}}$，且 $\boldsymbol{f}$ 估值可修正为

$$\hat{\boldsymbol{f}}(\hat{\boldsymbol{X}})=\hat{\boldsymbol{W}}^{\mathrm{T}}\boldsymbol{h}(\hat{\boldsymbol{X}}) \tag{2.76}$$

将式(2.76)代入式(2.74)中，得

$$\begin{aligned}\dot{\boldsymbol{\eta}} &= c\dot{\boldsymbol{e}}_{\mathrm{v}}+\dot{\boldsymbol{F}}+G\dot{\boldsymbol{U}}+\boldsymbol{W}^{*\mathrm{T}}\boldsymbol{h}(\boldsymbol{X})-\boldsymbol{W}^{*\mathrm{T}}\boldsymbol{h}(\hat{\boldsymbol{X}})+\boldsymbol{W}^{*\mathrm{T}}\boldsymbol{h}(\hat{\boldsymbol{X}})+\boldsymbol{\varepsilon}+\boldsymbol{\zeta}\boldsymbol{s}+\boldsymbol{\xi}\boldsymbol{s}^{q/p-1}\dot{\boldsymbol{s}}\\ &= c\dot{\boldsymbol{e}}_{\mathrm{v}}+\dot{\boldsymbol{F}}+G\dot{\boldsymbol{U}}+\boldsymbol{W}^{*\mathrm{T}}\boldsymbol{h}(\hat{\boldsymbol{X}})+\boldsymbol{\zeta}\boldsymbol{s}+\boldsymbol{\xi}\boldsymbol{s}^{q/p-1}\dot{\boldsymbol{s}}+\boldsymbol{\delta}\end{aligned} \tag{2.77}$$

式中，$\boldsymbol{\delta}=\boldsymbol{W}^{*\mathrm{T}}\boldsymbol{h}(\boldsymbol{X})-\boldsymbol{W}^{*\mathrm{T}}\boldsymbol{h}(\hat{\boldsymbol{X}})+\boldsymbol{\varepsilon}=\boldsymbol{W}^{*\mathrm{T}}\tilde{\boldsymbol{h}}+\boldsymbol{\varepsilon}$ 且 $\tilde{\boldsymbol{h}}=\boldsymbol{h}(\boldsymbol{X})-\boldsymbol{h}(\hat{\boldsymbol{X}})$。定义 $\delta_{\mathrm{m}}>0$ 为估计误差 $\|\boldsymbol{W}^{*\mathrm{T}}\tilde{\boldsymbol{h}}+\boldsymbol{\varepsilon}\|$ 的上界。需要注意的是，上界 δ_{m} 未知。

由 $\dot{\boldsymbol{\eta}}=0$ 推得等效控制的时间导数为

$$\dot{\boldsymbol{U}}_{\mathrm{eq}}=-G^{-1}[c\,\dot{\boldsymbol{e}}_{\mathrm{v}}+\dot{\boldsymbol{F}}+\hat{\boldsymbol{W}}^{\mathrm{T}}\boldsymbol{h}(\hat{\boldsymbol{X}})+\boldsymbol{\zeta}\boldsymbol{s}+\boldsymbol{\xi}\boldsymbol{s}^{q/p-1}\dot{\boldsymbol{s}}+\boldsymbol{\Delta}_{\mathrm{m}}] \tag{2.78}$$

式中，$\boldsymbol{\Delta}_{\mathrm{m}}=\hat{\delta}_{\mathrm{m}}\mathrm{sgn}(\boldsymbol{\eta})$ 且 $\hat{\delta}_{\mathrm{m}}$ 为未知上界 δ_{m} 的估值。符号函数项 $\mathrm{sgn}(\boldsymbol{\eta})$ 的定义式为 $\mathrm{sgn}(\boldsymbol{\eta})=[\mathrm{sgn}(\eta_x)\quad \mathrm{sgn}(\eta_y)\quad \mathrm{sgn}(\eta_z)]^{\mathrm{T}}$。

设计切换函数的导数为

$$\dot{\boldsymbol{U}}_s=G^{-1}[-\boldsymbol{k}_1\boldsymbol{\eta}-\boldsymbol{k}_2\mathrm{sgn}(\boldsymbol{\eta})] \tag{2.79}$$

式中，$\boldsymbol{k}_i=\mathrm{diag}(k_{ix},k_{iy},k_{iz})(i=1,2)$ 为正定参数矩阵。总控制输入的时间导数为

$$\dot{\boldsymbol{U}}=\dot{\boldsymbol{U}}_{\mathrm{eq}}+\dot{\boldsymbol{U}}_s \tag{2.80}$$

对式(2.78)和式(2.79)积分分别得到等效控制和切换控制，即

$$\boldsymbol{U}_{\mathrm{eq}}(t)=-G^{-1}(c\,\boldsymbol{e}_{\mathrm{v}}+\boldsymbol{F}+\boldsymbol{\zeta}\boldsymbol{s}+\boldsymbol{\xi}\boldsymbol{s}^{q/p})-\int_{t_0}^{t}G^{-1}[\hat{\boldsymbol{W}}^{\mathrm{T}}\boldsymbol{h}(\hat{\boldsymbol{X}})+\boldsymbol{\Delta}_{\mathrm{m}}]\mathrm{d}\tau \tag{2.81}$$

和

$$\boldsymbol{U}_s(t)=\int_{t_0}^{t}G^{-1}[-\boldsymbol{k}_1\boldsymbol{\eta}-\boldsymbol{k}_2\mathrm{sgn}(\boldsymbol{\eta})]\mathrm{d}\tau \tag{2.82}$$

此外，权值矩阵估值的自适应调节律设计为

$$\dot{\hat{\boldsymbol{W}}}=\boldsymbol{\Gamma}\boldsymbol{h}(\hat{\boldsymbol{X}})\boldsymbol{\eta}^{\mathrm{T}} \tag{2.83}$$

式中，$\boldsymbol{\Gamma}=\mathrm{diag}(\Gamma_1,\Gamma_2,\cdots,\Gamma_{\mathrm{m}})$ 为对角正定参数矩阵。

同时，未知上界估值 $\hat{\delta}_{\mathrm{m}}$ 的自适应律设计为

$$\dot{\hat{\delta}}_{\mathrm{m}}=\gamma\sum_i|\eta_i|,\quad i=x,y,z \tag{2.84}$$

式中，$\gamma>0$ 为设计常数。

综上，闭环系统控制力为

$$\boldsymbol{U}=\boldsymbol{U}_{\mathrm{eq}}+\boldsymbol{U}_s \tag{2.85}$$

注意到实际控制输入由带电量 q_{L} 与推力器推力 $\boldsymbol{U}_{\mathrm{C}}$ 混合构成，需要以燃料最

优原则进行最优分配。为减少燃料消耗，考虑如下最优指标：

$$J=\int_{t_0}^{t_f} L\mathrm{d}t=\int_{t_0}^{t_f} \| \boldsymbol{U}_{\mathrm{C}} \| \mathrm{d}t=\int_{t_0}^{t_f} \| \boldsymbol{U}-q_{\mathrm{L}}\boldsymbol{l} \| \mathrm{d}t \tag{2.86}$$

同理，求解 Euler-Lagrange 方程得到带电量最优轨迹，即

$$q_{\mathrm{L}}^*=\begin{cases}\dfrac{\boldsymbol{U}\cdot\boldsymbol{l}}{\|\boldsymbol{l}\|^2}, & \|\boldsymbol{l}\|\neq 0\\ 0, & \|\boldsymbol{l}\|=0\end{cases} \tag{2.87}$$

对应地，最优推力器控制力轨迹为

$$\boldsymbol{U}_{\mathrm{C}}^*=\begin{cases}\boldsymbol{U}-\dfrac{\boldsymbol{U}\cdot\boldsymbol{l}}{\|\boldsymbol{l}\|^2}\boldsymbol{l}, & \|\boldsymbol{l}\|\neq 0\\ \boldsymbol{U}, & \|\boldsymbol{l}\|=0\end{cases} \tag{2.88}$$

若所需电量超过最大值 $q_{\mathrm{Lm}}=\lambda_{\mathrm{m}}m_L$，则控制律修正为

$$\begin{aligned}&q_{\mathrm{L}}^*=q_{\mathrm{Lm}}\,\mathrm{sgn}(q_{\mathrm{L}}^*)\\ &\boldsymbol{U}_{\mathrm{C}}^*=\boldsymbol{U}-q_{\mathrm{L}}^*\boldsymbol{l}\end{aligned} \tag{2.89}$$

当计算切换控制 $\boldsymbol{U}_s$ 时，需用到 $\dot{\boldsymbol{s}}$，该项可由如下微分器[130]求得：

$$\begin{cases}\boldsymbol{w}(t)=\boldsymbol{v}_0(t)\\ \boldsymbol{v}_0(t)=\boldsymbol{v}_1(t)-\boldsymbol{\kappa}_{\mathrm{d0}}\,|\boldsymbol{w}(t)-\boldsymbol{s}(t)|^{1/2}\,\mathrm{sgn}[\boldsymbol{w}(t)-\boldsymbol{s}(t)]\\ \dot{\boldsymbol{v}}_1(t)=-\boldsymbol{\kappa}_{\mathrm{d1}}\,\mathrm{sgn}[\boldsymbol{v}_1(t)-\boldsymbol{v}_0(t)]\\ \hat{\dot{s}}=\boldsymbol{v}_1(t)\end{cases} \tag{2.90}$$

式中，$|\boldsymbol{w}(t)-\boldsymbol{s}(t)|^{1/2}=\mathrm{diag}(|w_x-s_x|^{1/2},|w_y-s_y|^{1/2},|w_z-s_z|^{1/2})$。常值对角参数矩阵$\boldsymbol{\kappa}_{\mathrm{d}i}=\mathrm{diag}(\kappa_{\mathrm{d}ix},\kappa_{\mathrm{d}iy},\kappa_{\mathrm{d}iz})(i=0,1)$。

图 2.19 给出该神经网络 ASOFTSM 控制器闭环控制系统框图。

注 2.5 当 $\boldsymbol{s}=\boldsymbol{0}$ 与 $\dot{\boldsymbol{s}}\neq\boldsymbol{0}$ 时，等效控制时间导数项 $\dot{\boldsymbol{U}}_{\mathrm{eq}}$ 奇异。但实际等效控制项 $\boldsymbol{U}_{\mathrm{eq}}$ 中不含负指数项，因此非奇异。同时，切换控制时间导数 $\dot{\boldsymbol{U}}_s$ 中含有非连续项，可能导致高频抖振，但积分后得到的切换控制项 $\boldsymbol{U}_s$ 不包含非连续项。因此，提出的二阶 FTSM 同时解决了常规 FTSM 中的奇异与抖振问题。

4. 稳定性分析

由 ASOFTSM 控制器驱动的闭环系统稳定性分析总结于如下定理。

定理 2.3 对于如式(2.64)所示的 LASFF 动力学系统，若选取的二阶快速终端滑模面如式(2.70)和式(2.72)所示，控制律如式(2.87)和式(2.88)所示，且

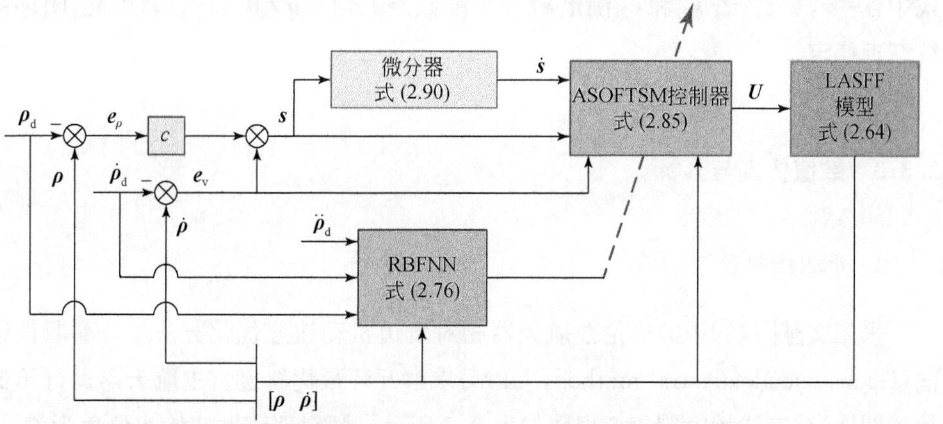

图2.19　神经网络ASOFTSM控制器闭环控制系统框图[117]

RBFNN和近似误差上界的自适应律分别如式(2.83)和式(2.84)所示，则系统误差将渐近收敛至零，且闭环系统渐近稳定。

证明　考虑如下李雅普诺夫函数：

$$V_1=\frac{1}{2}\boldsymbol{\eta}^{\mathrm{T}}\boldsymbol{\eta}+\frac{1}{2}\mathrm{tr}\{\widetilde{\boldsymbol{W}}^{\mathrm{T}}\boldsymbol{\Gamma}^{-1}\widetilde{\boldsymbol{W}}\}+\frac{1}{2}\gamma^{-1}\widetilde{\delta}_{\mathrm{m}}^2 \tag{2.91}$$

式中，$\widetilde{\boldsymbol{W}}=\boldsymbol{W}^*-\hat{\boldsymbol{W}}$ 且 $\dot{\widetilde{\boldsymbol{W}}}=-\dot{\hat{\boldsymbol{W}}}$；$\widetilde{\delta}_{\mathrm{m}}=\delta_{\mathrm{m}}-\hat{\delta}_{\mathrm{m}}$ 为 δ_{m} 的估值误差，满足 $\dot{\widetilde{\delta}}_{\mathrm{m}}=-\dot{\hat{\delta}}_{\mathrm{m}}$。

对 V_1 求时间导数得

$$\begin{aligned}\dot{V}_1&=\boldsymbol{\eta}^{\mathrm{T}}\dot{\boldsymbol{\eta}}+\mathrm{tr}\{\widetilde{\boldsymbol{W}}^{\mathrm{T}}\boldsymbol{\Gamma}^{-1}\dot{\widetilde{\boldsymbol{W}}}\}+\gamma^{-1}\widetilde{\delta}_{\mathrm{m}}\dot{\widetilde{\delta}}_{\mathrm{m}}\\&=\boldsymbol{\eta}^{\mathrm{T}}[\boldsymbol{c}\dot{\boldsymbol{e}}_{\mathrm{v}}+\dot{\boldsymbol{F}}+\boldsymbol{G}\dot{\boldsymbol{U}}+\boldsymbol{W}^{*\mathrm{T}}\boldsymbol{h}(\hat{\boldsymbol{X}})+\boldsymbol{\zeta s}+\boldsymbol{\xi s}^{q/p-1}\dot{\boldsymbol{s}}+\boldsymbol{\delta}]-\mathrm{tr}\{\widetilde{\boldsymbol{W}}^{\mathrm{T}}\boldsymbol{\Gamma}^{-1}\dot{\hat{\boldsymbol{W}}}\}-\gamma^{-1}\widetilde{\delta}_{\mathrm{m}}\dot{\hat{\delta}}_{\mathrm{m}}\end{aligned} \tag{2.92}$$

将式(2.80)、式(2.83)和式(2.84)代入式(2.92)中得

$$\begin{aligned}\dot{V}_1=&\boldsymbol{\eta}^{\mathrm{T}}[-\boldsymbol{k}_1\boldsymbol{\eta}-\boldsymbol{k}_2\mathrm{sgn}(\boldsymbol{\eta})+(\boldsymbol{W}^{*\mathrm{T}}-\hat{\boldsymbol{W}}^{\mathrm{T}})\boldsymbol{h}(\hat{\boldsymbol{X}})-\boldsymbol{\Delta}_{\mathrm{m}}+\boldsymbol{\delta}]\\&-\mathrm{tr}\{\widetilde{\boldsymbol{W}}^{\mathrm{T}}\boldsymbol{h}(\hat{\boldsymbol{X}})\boldsymbol{\eta}^{\mathrm{T}}\}-\gamma^{-1}\widetilde{\boldsymbol{\delta}}_{\mathrm{m}}\dot{\hat{\boldsymbol{\delta}}}_{\mathrm{m}}\\=&-\boldsymbol{\eta}^{\mathrm{T}}\boldsymbol{k}_1\boldsymbol{\eta}-\boldsymbol{\eta}^{\mathrm{T}}\boldsymbol{k}_2\mathrm{sgn}(\boldsymbol{\eta})-\boldsymbol{\eta}^{\mathrm{T}}\boldsymbol{\Delta}_{\mathrm{m}}+\boldsymbol{\eta}^{\mathrm{T}}\boldsymbol{\delta}-\gamma^{-1}\widetilde{\delta}_{\mathrm{m}}\dot{\hat{\delta}}_{\mathrm{m}}\\\leqslant&-\boldsymbol{\eta}^{\mathrm{T}}\boldsymbol{k}_1\boldsymbol{\eta}-\sum_i k_{2i}|\eta_i|-\hat{\delta}_{\mathrm{m}}\sum_i|\eta_i|+(\hat{\delta}_{\mathrm{m}}+\widetilde{\delta}_{\mathrm{m}})\sum_i|\eta_i|-\gamma^{-1}\widetilde{\delta}_{\mathrm{m}}\dot{\hat{\delta}}_{\mathrm{m}}\\=&-\boldsymbol{\eta}^{\mathrm{T}}\boldsymbol{k}_1\boldsymbol{\eta}-\sum_i k_{2i}|\eta_i|\end{aligned} \tag{2.93}$$

式中，$i=x,y,z$。若 k_{1i} 和 k_{2i} 满足 $k_{1i}>0$ 和 $k_{2i}>0$，则 $\forall\,\boldsymbol{\eta}\neq\mathbf{0},\dot{V}_1<0$。因此，闭环系统渐近稳定。

证毕。

2.3.3 数值仿真与分析

1. 开环控制器

采用文献[113]中的洛伦兹航天器相对轨道机动轨迹优化方法——高斯伪谱法(Gauss pseudospectral method, GPM)求解开环最优轨迹。主航天器运行于低轨椭圆轨道，其初始时刻轨道根数如表 2.7 所示。倾斜地磁轴初始相位角为 $\Omega_0=-60°$，且磁轴倾角为 $\alpha=11.3°$。从航天器从 LVLH 坐标系原点出发，且无相对速度，即 $\boldsymbol{\rho}_{\rm d}(0)=\mathbf{0},\dot{\boldsymbol{\rho}}_{\rm d}(0)=\mathbf{0}$。从航天器质量为 $m_{\rm L}=50{\rm kg}$。为在终端时刻 $t_{\rm f}=T$ 构成近似投影圆编队，其中，T 为主航天器轨道周期，按照椭圆轨道编队构形条件的能量匹配原则[122]所设计的终端相对运动状态应为

$$\begin{cases}x_{\rm d}(T)=0, & y_{\rm d}(T)=-1000, & z_{\rm d}(T)=0\\ \dot{x}_{\rm d}(T)=-0.544, & \dot{y}_{\rm d}(T)=-1.75\times10^{-4}, & \dot{z}_{\rm d}(T)=-1.089\end{cases}\tag{2.94}$$

式中，相对位置与相对速度的单位分别为 m 与 m/s。GPM 中选用 30 个配点。权值矩阵取为 $\boldsymbol{Q}={\rm diag}(1,10^6,10^6,10^6)$，则优先节省燃料消耗。

表 2.7 椭圆轨道编队主航天器初始时刻轨道根数[117]

轨道根数	数值
长半轴/km	7000
偏心率	0.005
轨道倾角/(°)	40
升交点赤经/(°)	50
近地点幅角/(°)	0
真近点角/(°)	0

图 2.20 给出由洛伦兹航天器带电量与推力器控制力组成的最优开环控制输入轨迹。可见，所需带电量为 10^{-1}C 数量级，且推力器推力为 10^{-4}N 数量级，分别对应 10^{-3}C/kg 数量级的荷质比与 10^{-6}m/s^2 的推力器控制加速度。对于典型低地球轨道，J_2 摄动为最主要的摄动力之一。若航天器间的相对距离为几公里内，则航

天器之间的相对 J_2 摄动加速度为 $10^{-6}\,m/s^2$ 数量级。因此，所需推力器控制加速度几乎与相对 J_2 摄动加速度同数量级，可视为外部扰动。图 2.20 中各离散点表示 GPM 计算结果，实线表示各离散点间的 Lagrange 插值结果。相对转移轨道与最终编队构形轨迹如图 2.21 所示。同理，各离散点为 GPM 计算结果。为验证 GPM 计算结果的正确性，将插值控制输入轨迹代入非线性动力学模型，并采用四阶 Runge-Kutta 方法进行数值积分，得到真实系统相对运动状态轨迹，如图 2.21 所示。数值积分结果与 GPM 计算结果吻合。两种方法的终端相对位置误差与相对速度误差分别为 10^{-2} m 与 10^{-5} m/s 数量级，验证了 GPM 计算方法的有效性。同理，采用洛伦兹力作为主要推力，可对应节省的速度增量消耗百分比为

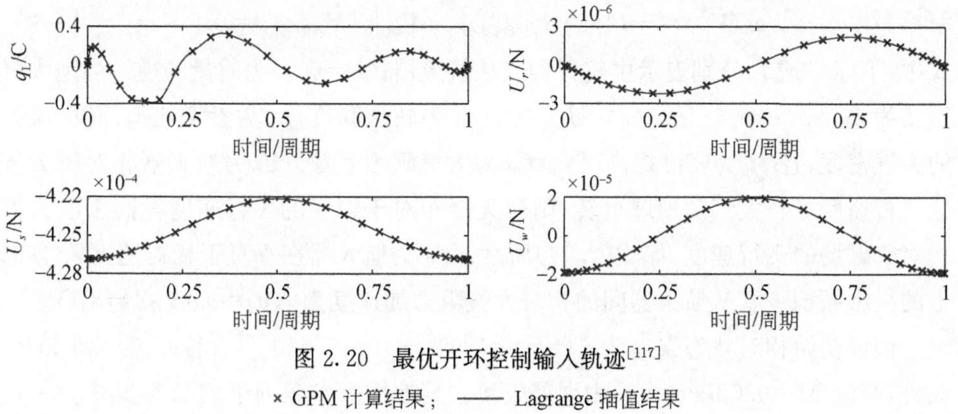

图 2.20　最优开环控制输入轨迹[117]

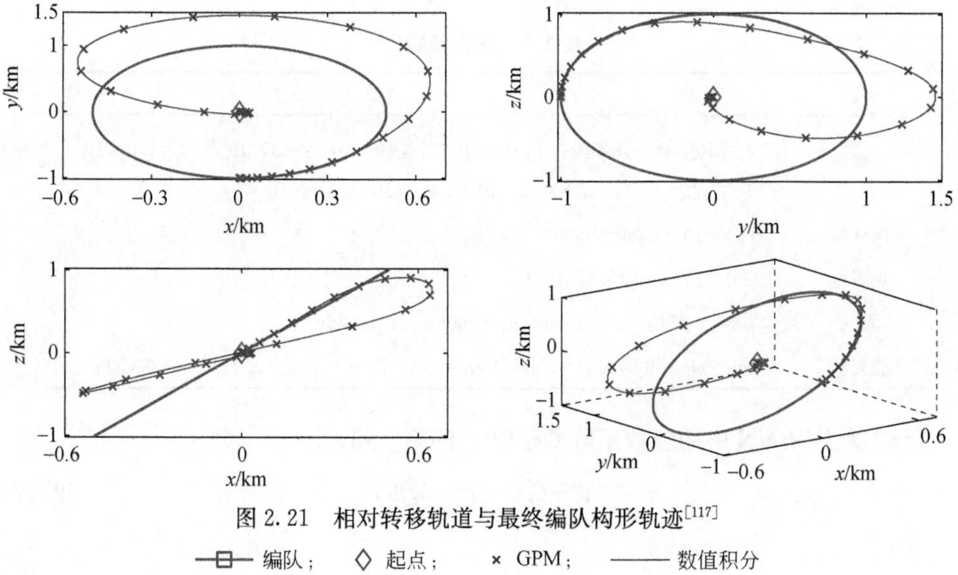

图 2.21　相对转移轨道与最终编队构形轨迹[117]

$$\sigma = 1 - \frac{\int_{t_0}^{t_f} \| \boldsymbol{U}_{\mathrm{C}}^{*} \| \mathrm{d}t}{\int_{t_0}^{t_f} \| \boldsymbol{U} \| \mathrm{d}t} \times 100\% \tag{2.95}$$

该仿真算例中 $\sigma \approx 98.6\%$，再次验证了洛伦兹航天器在节省燃耗方面的优势。

2. 闭环控制器

为验证 ASOFTSM 控制器在外部扰动及模型不确定性条件下的控制性能，引入典型低轨摄动力作为外部扰动，即 J_2 摄动与大气阻力。J_2 摄动表达式如式(2.60)所示，且大气阻力可表述[140,141]为

$$\boldsymbol{a}_{\mathrm{d}}(\boldsymbol{V}_{\mathrm{r}i}) = -(1/2)G_i \rho_{\mathrm{d}i} C_{\mathrm{d}i} A_i \| \boldsymbol{V}_{\mathrm{r}i} \|^2 \hat{\boldsymbol{V}}_{\mathrm{r}i}, \quad i = \mathrm{C}, \mathrm{L} \tag{2.96}$$

式中，下标 C 或 L 分别表示主航天器或从航天器；$G_i = m_i^{-1}$ 为质量的逆。当地大气密度为 $\rho_{\mathrm{d}i} = \rho_{\mathrm{d}0} \exp[-(h-h_0)/H]$，其中，$h$ 为轨道高度，$\rho_{\mathrm{d}0}$ 为参考轨道高度 h_0 处的大气密度，且 H 为密度标高[140]。$C_{\mathrm{d}i}$ 为大气阻力系数。$\boldsymbol{V}_{\mathrm{r}i}$ 为航天器相对于大气的飞行速度。若大气随地球自转，则航天器相对于大气的飞行速度等同于航天器相对于磁场的飞行速度，如式(2.14)所示。A_i 为航天器在垂直于相对速度 $V_{\mathrm{r}i}$ 方向上的投影面积。主从航天器间的相对大气阻力加速度为 $\Delta \boldsymbol{a}_{\mathrm{d}} = \boldsymbol{a}_{\mathrm{d}}(\boldsymbol{V}_{\mathrm{rL}}) - \boldsymbol{a}_{\mathrm{d}}(\boldsymbol{V}_{\mathrm{rC}})$。

假设初始相对状态误差为 $\boldsymbol{e}_{\rho}(0) = [100 \quad -100 \quad -50]^{\mathrm{T}}\mathrm{m}$，且 $\boldsymbol{e}_{\mathrm{v}}(0) = \boldsymbol{0}\ \mathrm{m/s}$。此外，假设 $\Delta \boldsymbol{l} = 0.05 \boldsymbol{l} \sin(\bar{n}_{\mathrm{C}} t)$ 为误差矢量。其他仿真参数列于表 2.8，其中，$i = x, y, z$ 且 $j = 1, 2, \cdots, 5$。

表 2.8　仿真参数[117]

类别	参数
控制器	$b_j = 10^3$, $\hat{\boldsymbol{W}}(0) = \boldsymbol{0}_{5\times3}$, $\Gamma_j = 5\times10^{-5}$, $\hat{\delta}_{\mathrm{m}}(0) = 0$, $\gamma = 3\times10^{-5}$, $c_i = 1.5\times10^{-3}$, $\zeta_i = 10^{-2}$, $\xi_i = 2\times10^{-2}$, $k_{1i} = 8\times10^{-3}$, $k_{2i} = 10^{-8}$, $p = 5$, $q = 3$
微分器	$\kappa_{\mathrm{d}0i} = 10^{-2}$, $\kappa_{\mathrm{d}1i} = 10^{-5}$
观测器	$\kappa_{\mathrm{o}1i} = 10$, $\kappa_{\mathrm{o}2i} = 6.5\times10^{-2}$
大气	$\rho_{\mathrm{d}0} = 1.454\times10^{-13}\mathrm{kg/m^3}$, $h_0 = 600\mathrm{km}$, $H = 79\mathrm{km}$
航天器	$m_{\mathrm{C}} = m_{\mathrm{D}} = 50\mathrm{kg}$, $C_{\mathrm{dC}} = C_{\mathrm{dD}} = 2$, $A_{\mathrm{C}} = A_{\mathrm{D}} = 1.5\mathrm{m}^2$, $\Delta m_{\mathrm{D}} = 2\mathrm{kg}$, $\lambda_{\mathrm{m}} = 0.03\mathrm{C/kg}$

$\boldsymbol{C}_j$ 为 RBFNN 中的参数矩阵 $\boldsymbol{C} \in \mathbf{R}^{15\times5}$ 的第 j 列，即

$$\boldsymbol{C} = [\bar{\boldsymbol{C}}_1^{\mathrm{T}} \quad \bar{\boldsymbol{C}}_1^{\mathrm{T}} \quad \bar{\boldsymbol{C}}_2^{\mathrm{T}}]^{\mathrm{T}} \tag{2.97}$$

式中，

$$\bar{\boldsymbol{C}}_1=\begin{bmatrix}-700 & -350 & 0 & 350 & 700\\ -1500 & -750 & 0 & 750 & 1500\\ -1000 & -500 & 0 & 500 & 1000\\ -1 & -0.5 & 0 & 0.5 & 1\\ -1.5 & -0.75 & 0 & 0.75 & 1.5\\ -1.2 & -0.6 & 0 & 0.6 & 1.2\end{bmatrix} \tag{2.98}$$

且

$$\bar{\boldsymbol{C}}_2=10^{-3}\begin{bmatrix}-1.6 & -0.8 & 0 & 0.8 & 1.6\\ -2 & -1 & 0 & 1 & 2\\ -1.5 & -0.75 & 0 & 0.75 & 1.5\end{bmatrix} \tag{2.99}$$

相对位置误差和相对速度误差轨迹分别如图 2.22 和图 2.23 所示。可见，系统轨迹大约在半个轨道周期后收敛至平衡点附近，且相对位置和相对速度的稳态控制精度分别为 10^{-2}m 和 10^{-5}m/s 数量级。图 2.24 给出完成闭环编队建立任务所需的控制输入轨迹。可见，控制输入非奇异且无明显抖振，验证了注 2.5 中的结论。考虑到近期可实现的洛伦兹航天器最大荷质比约为 0.03C/kg，则 50kg 的洛伦兹航天器的最大带电量约为 1.5C。由图 2.24 得，最大需用推力为 10^{-1}N 数量级，对于 50kg 的洛伦兹航天器，对应的控制加速度为 10^{-3}m/s^2 数量级。同时，由图 2.24 得，初始时刻需用带电量超过了最大值 1.5C。因此，根据式(2.89)，将其修正为对应极性的最大值，且剩余需用控制力完全由推力器提供。所有控制输入均约于半个周期后跟踪到期望值。同理，由式(2.95)得，采用 LASFF 控制，可节省约 85.3%速度增量消耗。综上，本算例在 J_2 摄动、大气阻力、系统质量和磁场不确定性条件下，验证了控制器完成 LASFF 控制任务的有效性。

3. 与其他控制器对比

为验证 ASOFTSM 控制器相较于其他控制器的优势，引入其他两类控制器进行对比分析。一类是无自适应神经网络的二阶滑模控制器；另一类是改进的 PID 控制器。由式(2.81)和式(2.82)得，前者的控制律为

$$\boldsymbol{U}=\hat{\boldsymbol{U}}_{\mathrm{eq}}+\boldsymbol{U}_s \tag{2.100}$$

式中，切换控制项仍为 $\boldsymbol{U}_s=\int_{t_0}^{t} G^{-1}[-\boldsymbol{k}_1\boldsymbol{\eta}-\boldsymbol{k}_2\,\mathrm{sgn}(\boldsymbol{\eta})]\mathrm{d}\tau$ 。但由于不采用神经网络，等效控制项修正为 $\hat{\boldsymbol{U}}_{\mathrm{eq}}=-G^{-1}(c\boldsymbol{e}_{\mathrm{v}}+\boldsymbol{F}+\boldsymbol{\zeta s}+\boldsymbol{\xi s}^{q/p})$。需要指出的是，若不采用神经网络对非线性项进行估计，则由控制律式(2.100)驱动的闭环控制系统不再渐

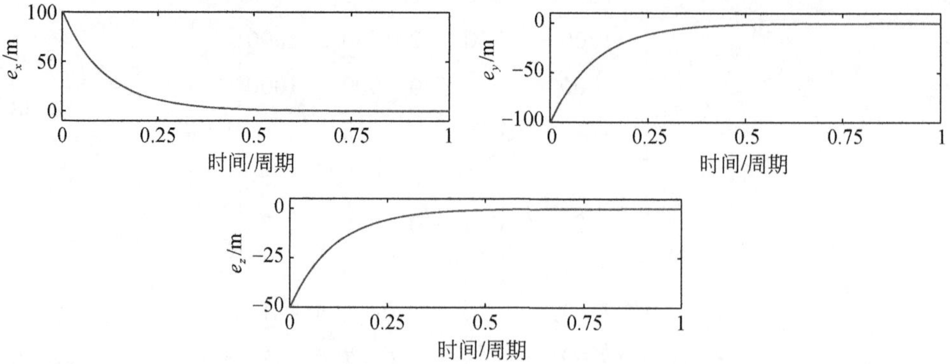

图 2.22　状态反馈 ASOFTSM 控制器相对位置误差轨迹[117]

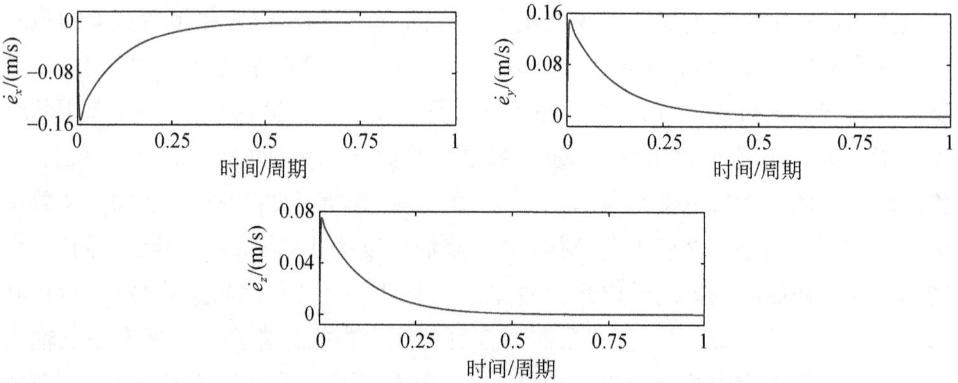

图 2.23　状态反馈 ASOFTSM 控制器相对速度误差轨迹[117]

近稳定，而是最终一致有界稳定。换言之，系统误差不再渐近收敛至零，而是收敛至零的邻域。该闭环系统的稳定性分析总结于如下定理。

定理 2.4　对于如式(2.64)所示的 LASFF 动力学系统，若选取的二阶快速终端滑模面如式(2.70)和式(2.72)所示，且控制律如式(2.100)所示，则系统误差将渐近收敛至零的邻域，即

$$|e_i|\leqslant\Delta_{ei},\quad |\dot{e}_i|\leqslant\Delta_{\dot{e}i},\quad i=x,y,z \tag{2.101}$$

式中，Δ_{ei}和$\Delta_{\dot{e}i}$的具体表达式于如下证明中给出。

证明　考虑李雅普诺夫函数 $V_2=(1/2)\boldsymbol{\eta}^{\mathrm{T}}\boldsymbol{\eta}>0(\forall\,\boldsymbol{\eta}\neq\boldsymbol{0})$。沿系统轨迹对 V_2 求时间导数得

$$\dot{V}_2=\boldsymbol{\eta}^{\mathrm{T}}\dot{\boldsymbol{\eta}}=\boldsymbol{\eta}^{\mathrm{T}}(\boldsymbol{c}\,\dot{\boldsymbol{e}}_{\mathrm{v}}+\dot{\boldsymbol{F}}+G\dot{\boldsymbol{U}}+\boldsymbol{f}+\boldsymbol{\zeta}\boldsymbol{s}+\boldsymbol{\xi}\boldsymbol{s}^{q/p-1}\dot{\boldsymbol{s}}) \tag{2.102}$$

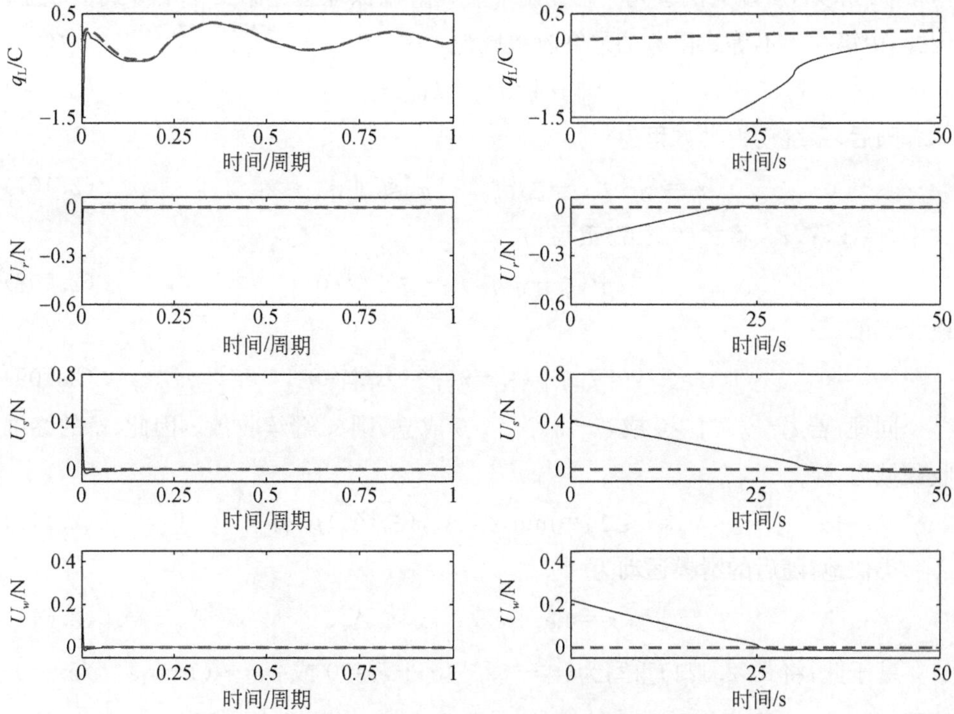

图 2.24　状态反馈 ASOFTSM 控制器控制输入轨迹[117]

—— ASOFTSM；　- - - 期望轨迹

式中，$\boldsymbol{f}=\dot{\boldsymbol{D}}-\ddot{\boldsymbol{\rho}}_{\mathrm{d}}$ 为未知有界非线性函数，满足 $\|\boldsymbol{f}\|\leqslant f_{\mathrm{m}}$ 和 $f_{\mathrm{m}}>0$。需要注意的是，f_{m} 未知。

将控制律式(2.100)代入式(2.102)中，得

$$\begin{aligned}\dot{V}_2&=\boldsymbol{\eta}^{\mathrm{T}}[-\boldsymbol{k}_1\boldsymbol{\eta}-\boldsymbol{k}_2\operatorname{sgn}(\boldsymbol{\eta})+\boldsymbol{f}]\\&\leqslant-k_{1\min}\|\boldsymbol{\eta}\|^2-k_{2\min}\sum_i|\eta_i|+\|\boldsymbol{\eta}\|f_{\mathrm{m}}\end{aligned}\tag{2.103}$$

式中，$k_{1\min}$和 $k_{2\min}$分别为矩阵 $\boldsymbol{k}_1$ 和 $\boldsymbol{k}_2$ 的最小特征值。注意到 $\sum_i|\eta_i|\geqslant\|\boldsymbol{\eta}\|$，则式(2.103)简化为

$$\dot{V}_2\leqslant-(k_{1\min}-\|\boldsymbol{\eta}\|^{-1}f_{\mathrm{m}})\|\boldsymbol{\eta}\|^2-k_{2\min}\|\boldsymbol{\eta}\|\tag{2.104}$$

或

$$\dot{V}_2\leqslant-k_{1\min}\|\boldsymbol{\eta}\|^2-(k_{2\min}-f_{\mathrm{m}})\|\boldsymbol{\eta}\|\tag{2.105}$$

显然，若 $k_{1\min}-\|\boldsymbol{\eta}\|^{-1}f_{\mathrm{m}}>0$ 或 $k_{2\min}-f_{\mathrm{m}}>0$ 成立，则 V_2 继续收敛。但是，

由于 f_{m} 未知，所以无法事先决定控制增益 $k_{2\min}$ 以保证上述第二个不等式恒成立。因此，由第一个不等式得 $\boldsymbol{\eta}$ 的最终收敛域为

$$\|\boldsymbol{\eta}\| \leqslant \Delta_{\eta} = k_{1\min}^{-1} f_{\mathrm{m}} \tag{2.106}$$

随后，系统动力学方程为

$$\eta_i = \dot{s}_i + \zeta_i s_i + \xi_i s_i^{q/p}, \quad |\eta_i| \leqslant \|\boldsymbol{\eta}\| \leqslant \Delta_{\eta} \tag{2.107}$$

式中，$i=x,y,z$。将式(2.107)重写为

$$\dot{s}_i + (\zeta_i - \eta_i s_i^{-1}) s_i + \xi_i s_i^{q/p} = 0 \tag{2.108}$$

或

$$\dot{s}_i + \zeta_i s_i + (\xi_i - \eta_i s_i^{-q/p}) s_i^{q/p} = 0 \tag{2.109}$$

同理，若 $\zeta_i - \eta_i s_i^{-1} > 0$ 或 $\xi_i - \eta_i s_i^{-q/p} > 0$ 成立，则 s_i 继续收敛。因此，s_i 的终端收敛域为

$$|s_i| \leqslant \Delta_{si} = \min\{\zeta_i^{-1}\Delta_{\eta}, (\xi_i^{-1}\Delta_{\eta}) p/q\} \tag{2.110}$$

类似地，随后的滑模运动为

$$s_i = c_i e_i + \dot{e}_i, \quad |s_i| \leqslant \Delta_{si} \tag{2.111}$$

基于此，将式(2.111)重写为$(c_i - s_i e_i^{-1}) e_i + \dot{e}_i = 0$ 或 $c_i e_i + (1 - s_i \dot{e}_i^{-1}) \dot{e}_i = 0$。可见，若 $c_i - s_i e_i^{-1} > 0$ 或 $1 - s_i \dot{e}_i^{-1} > 0$ 成立，则 e_i 进一步收敛。因此，e_i 和 $\dot{e}_i$ 的终端收敛域为

$$|e_i| \leqslant \Delta_{ei} = c_i^{-1}\Delta_{si}, \quad |\dot{e}_i| \leqslant \Delta_{\dot{e}i} = \Delta_{si} \tag{2.112}$$

证毕。

注 2.6 由定理 2.3 得，基于神经网络(with neural network, With NN)的控制器式(2.85)可保证滑模面 $\boldsymbol{\eta}$ 渐近收敛至零。但是，如式(2.106)所示，若不采用神经网络(without neural network, Without NN)，则仅能保证 $\boldsymbol{\eta}$ 的有界稳定。$\boldsymbol{\eta}$ 的有界稳定进一步导致了状态误差 e_i 和 $\dot{e}_i$ 的有界稳定，即状态误差将收敛至零的邻域而并非精确收敛至零。显然，在有界稳定情况下，为使得状态误差充分接近零，滑模面参数(c_i、ζ_i 和 ξ_i)和控制增益(k_{1i})均应充分大。然而，过大的控制参数会引起过大的控制输入。

另一类改进 PID 控制器设计为

$$\boldsymbol{U} = -G^{-1}\left(\boldsymbol{F} - \ddot{\boldsymbol{\rho}}_{\mathrm{d}} + K_{\mathrm{p}}\, \boldsymbol{e}_{\rho} + K_{\mathrm{i}} \int \boldsymbol{e}_{\rho} \mathrm{d}t + K_{\mathrm{d}}\, \boldsymbol{e}_{\mathrm{v}}\right) \tag{2.113}$$

式中，K_{p}、K_{i} 和 K_{d} 分别为比例、积分和微分系数[124,125]。基于此，定义系数矩阵 $\overline{\boldsymbol{A}} \in \mathbf{R}^{9\times 9}$ 为

$$\overline{\boldsymbol{A}}=\begin{bmatrix} \boldsymbol{0}_{3\times3} & \boldsymbol{I}_{3\times3} & \boldsymbol{0}_{3\times3} \\ \boldsymbol{0}_{3\times3} & \boldsymbol{0}_{3\times3} & \boldsymbol{I}_{3\times3} \\ -K_{\mathrm{i}}\,\boldsymbol{I}_{3\times3} & -K_{\mathrm{p}}\,\boldsymbol{I}_{3\times3} & -K_{\mathrm{d}}\,\boldsymbol{I}_{3\times3} \end{bmatrix} \tag{2.114}$$

同时，定义增广误差状态矢量为 $\overline{\boldsymbol{E}}=\left[\int \boldsymbol{e}_\rho^{\mathrm{T}}\mathrm{d}t \quad \boldsymbol{e}_\rho^{\mathrm{T}} \quad \dot{\boldsymbol{e}}_\rho^{\mathrm{T}}\right]^{\mathrm{T}}$。同理，由控制律式(2.113)驱动的闭环控制系统不再保持渐近稳定，而是最终一致有界稳定。该闭环系统的稳定性分析总结于如下定理。

定理 2.5　对于如式(2.64)所示的的 LASFF 动力学系统，若控制律如式(2.113)所示，且控制系数矩阵 $\overline{\boldsymbol{A}}$ 满足李雅普诺夫方程：

$$\overline{\boldsymbol{A}}^{\mathrm{T}}\overline{\boldsymbol{P}}+\overline{\boldsymbol{P}}\overline{\boldsymbol{A}}=-\overline{\boldsymbol{Q}} \tag{2.115}$$

式中，$\overline{\boldsymbol{P}}\in\mathbf{R}^{9\times9}$ 和 $\overline{\boldsymbol{Q}}\in\mathbf{R}^{9\times9}$ 均为对称正定矩阵，则系统误差将渐近收敛至零的邻域，即

$$|e_i|\leqslant\Delta_{\mathrm{e}i},\quad |\dot{e}_i|\leqslant\Delta_{\dot{\mathrm{e}}i},\quad i=x,y,z \tag{2.116}$$

式中，$\Delta_{\mathrm{e}i}$ 和 $\Delta_{\dot{\mathrm{e}}i}$ 的具体表达式于如下证明中给出。

证明　将控制律式(2.113)代入式(2.69)中，得

$$\ddot{\boldsymbol{e}}_\rho=-K_{\mathrm{p}}\,\boldsymbol{e}_\rho-K_{\mathrm{i}}\int \boldsymbol{e}_\rho\mathrm{d}t-K_{\mathrm{d}}\,\dot{\boldsymbol{e}}_\rho+\boldsymbol{D} \tag{2.117}$$

基于此，$\overline{\boldsymbol{E}}$ 的动力学方程为

$$\dot{\overline{\boldsymbol{E}}}=\overline{\boldsymbol{A}}\overline{\boldsymbol{E}}+\overline{\boldsymbol{D}} \tag{2.118}$$

式中，$\overline{\boldsymbol{D}}=[\boldsymbol{0}_{1\times3}\quad \boldsymbol{0}_{1\times3}\quad \boldsymbol{D}^{\mathrm{T}}]^{\mathrm{T}}$。

考虑李雅普诺夫函数 $V_3=\overline{\boldsymbol{E}}^{\mathrm{T}}\overline{\boldsymbol{P}}\overline{\boldsymbol{E}}>0(\forall\overline{\boldsymbol{E}}\neq\boldsymbol{0})$。对 V_3 求时间导数得

$$\dot{V}_3=\overline{\boldsymbol{E}}^{\mathrm{T}}(\overline{\boldsymbol{A}}^{\mathrm{T}}\overline{\boldsymbol{P}}+\overline{\boldsymbol{P}}\overline{\boldsymbol{A}})\overline{\boldsymbol{E}}+2\,\overline{\boldsymbol{E}}^{\mathrm{T}}\overline{\boldsymbol{P}}\,\overline{\boldsymbol{D}} \tag{2.119}$$

将式(2.115)代入式(2.119)中，得

$$\begin{aligned}\dot{V}_3&=-\overline{\boldsymbol{E}}^{\mathrm{T}}\overline{\boldsymbol{Q}}\overline{\boldsymbol{E}}+2\,\overline{\boldsymbol{E}}^{\mathrm{T}}\overline{\boldsymbol{P}}\overline{\boldsymbol{D}}\\&\leqslant-\overline{Q}_{\min}\,\|\overline{\boldsymbol{E}}\|^2+2\,\|\overline{\boldsymbol{E}}\|\,\|\overline{\boldsymbol{P}}\overline{\boldsymbol{D}}\|\\&=-(\overline{Q}_{\min}-2\,\|\overline{\boldsymbol{E}}\|^{-1}\,\|\overline{\boldsymbol{P}}\overline{\boldsymbol{D}}\|)\,\|\overline{\boldsymbol{E}}\|^2\end{aligned} \tag{2.120}$$

式中，$\overline{Q}_{\min}$ 为矩阵 $\overline{\boldsymbol{Q}}$ 的最小特征值。显然，若 $\overline{Q}_{\min}-2\,\|\overline{\boldsymbol{E}}\|^{-1}\,\|\overline{\boldsymbol{P}}\,\overline{\boldsymbol{D}}\|>0$ 成立，则 V_3 继续收敛。因此，$\|\overline{\boldsymbol{E}}\|$ 的最终收敛域为

$$\|\overline{\boldsymbol{E}}\| \leqslant \Delta_{\overline{\mathrm{E}}} = 2\overline{Q}_{\min}^{-1}\|\overline{\boldsymbol{P}}\|\ \|\overline{\boldsymbol{D}}\| \tag{2.121}$$

式(2.121)表明，$\Delta_{ei} \leqslant \Delta_{\overline{\mathrm{E}}}$ 且 $\Delta_{\dot{e}i} \leqslant \Delta_{\overline{\mathrm{E}}}$。

证毕。

注 2.7 改进 PID 控制器也仅能保证系统的有界稳定，因此其控制精度劣于基于神经网络的控制器式(2.85)。

定理 2.4 和 2.5 在理论上证明了基于神经网络的控制器在控制精度方面的优势，下面将通过数值仿真验证该结论。

为进行定量控制性能对比，定义如下性能指标。定义 $\|\boldsymbol{e}_\rho\|$ 为相对距离误差。定义调节时间 t_s 为初始相对距离误差 $\|\boldsymbol{e}_\rho(t)\|$ 收敛并保持在其初值 1%范围内所需的时间，即 $\forall t \geqslant t_s$，$\|\boldsymbol{e}_\rho(t)\| \leqslant 1\% \|\boldsymbol{e}_\rho(0)\|$。基于此，稳态相对距离误差定义为

$$e_{\rho s} = \underset{t_s \leqslant t \leqslant t_f}{\mathrm{mean}}\{\|\boldsymbol{e}_\rho(t)\|\} \tag{2.122}$$

此外，节省的速度增量百分比 σ 如式(2.95)所示，且控制能耗定义为

$$J_{\mathrm{E}} = \frac{1}{2}\int_{t_0}^{t_f} \boldsymbol{U}^{\mathrm{T}}\boldsymbol{U}\mathrm{d}t \tag{2.123}$$

控制器式(2.100)和式(2.113)的控制器参数如表 2.9 所示。需要指出的是，表 2.9 中的控制器参数选取准则为保证该两类控制器完成编队构形建立所需的控制能耗与 2.3.3 节中 ASOFTSM 控制器的能耗相同。基于能耗相同前提，三类控制器的性能对比结果更为公正合理。同时，ASOFTSM 控制器参数以及其他仿真参数如表 2.8所示。

表 2.9 控制器参数[117]

控制器	参数
Without NN	$c_i=1.5\times10^{-3}$，$\zeta_i=10^{-2}$，$\xi_i=2.04\times10^{-2}$，$p=5$，$q=3$，$k_{1i}=8\times10^{-3}$，$k_{2i}=10^{-8}$
PID	$K_{\mathrm{p}}=1.11\times10^{-4}$，$K_{\mathrm{i}}=6\times10^{-8}$，$K_{\mathrm{d}}=8\times10^{-2}$

三类控制器的相对距离误差与控制输入大小对比如图 2.25 所示，且控制器性能参数总结于表 2.10。可见，在相同能耗条件下，与非神经网络控制器相比，除略长的调节时间外，神经网络控制器的其他性能指标均明显优于非神经网络控制器。更为重要的是，引入神经网络对系统非线性不确定项进行估计，终端相对距离控制精度（$\|e_\rho(t_f)\|$）比其他两类控制器精度至少高一个数量级。可见，神经网络控制器可在不影响其他性能指标的前提下，同时提高控制精度。上述数值仿真结果证

明了注 2.6 和注 2.7 中的理论分析结果，即神经网络控制器可保证闭环系统的渐近稳定性，但其他两类控制器仅能保证有界稳定。因此，本节通过理论和仿真两类方法验证了神经网络控制器的优势。

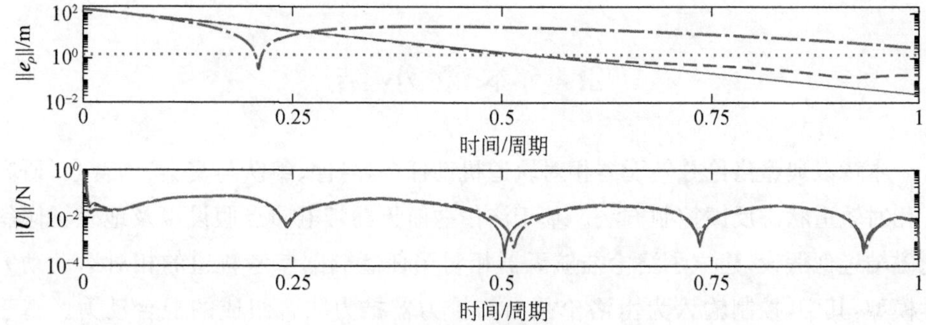

图 2.25　相对距离误差与控制输入大小对比[117]

—— With NN；- - - Without NN；—·— PID；······ 1%$\|e_\rho(0)\|$

表 2.10　控制器性能参数[117]

控制器	$\|e_\rho(t_f)\|$/m	t_s/周期	$e_{\rho s}$/m	σ/%	$J_E/(N^2 \cdot s)$
With NN	0.02	0.53	0.36	85.28	6.32
Without NN	0.18	0.52	0.55	85.24	6.32
PID	2.96	>1.00	—	83.38	6.32

此外，对于三类控制器，采用洛伦兹力作为辅助推力，均可大幅减少速度增量消耗，证明了洛伦兹航天器在节省燃耗方面的优势。

综上，本节基于神经网络方法设计了自适应二阶滑模控制器，该控制器可在外部扰动和系统非线性不确定条件下跟踪 LASFF 最优开环轨迹。该控制方法中采用 RBFNN 估计系统非线性不确定项，并采用 SOSM 控制器保证闭环系统对外部扰动以及系统不确定项的鲁棒性。RBFNN 及其近似误差上界的自适应律均基于李雅普诺夫方法设计，用以保证闭环系统的渐近稳定性。基于理论分析与数值仿真结果，得出以下结论。

(1)采用 SOFTSM 控制器方法，可有效解决常规 FTSM 控制器中的奇异与抖振问题，进而保证对应控制律的非奇异性与连续性。

(2)通过引入神经网络，不再要求系统不确定参数满足线性参数化条件，可直接对非线性项进行在线估计。

(3)通过引入近似误差上界估计自适应律，本节中的控制方法无须事先已知该误差上界，并可保证闭环系统的渐近稳定性。

(4)与两类有界稳定控制器的性能对比验证了 ASOFTSM 控制器在控制精度上的优势。

2.4 本章小结

本章以典型洛伦兹航天器相对轨道机动任务(悬停、编队与交会)为背景，研究了相对轨道状态反馈控制方法。基于洛伦兹航天器带电质点假设以及地磁场倾斜地磁轴近似假设，建立了洛伦兹航天器相对于任意椭圆参考轨道的相对运动动力学模型，其中，控制输入为由洛伦兹力与推力器推力联合组成的混合动力。基于此，相对轨道动力学系统为全驱动控制系统。针对实际控制过程的外部扰动、线性或非线性不确定参数等问题，采用滑模控制方法设计闭环控制器以保证摄动条件下的最优轨迹跟踪。本章主要工作和结论总结如下。

(1)文献[83]中的间接法，通过快速终端滑模与一般滑模间的切换解决了奇异问题。但是，在切换至一般滑模后，也失去了快速终端滑模有限时间收敛的优势。为保证全局有限时间收敛性能，采用文献[120]中的方法，以饱和函数项替换可能出现奇异的负指数项，解决了奇异问题。同时，通过引入线性项，改进了文献[120]中的收敛速度问题。综上，通过综合文献[83]，[120]中两类滑模控制方法的优势，提出了新的 FNTSMC 方法，既可保证全局有限时间稳定，也可满足快速性、鲁棒性等控制需求。

(2)为保证洛伦兹航天器的相对轨道控制精度，需精确已知航天器的实时质量，以实现精确的电量输入。但是，由于推进剂的消耗、复杂空间环境等因素，很难在轨精确确定航天器实时质量。基于质量等未知参数满足线性参数化条件假设，联合上述 FNTSMC 与参数自适应方法，设计了自适应控制器，可保证在外部扰动、不确定系统参数条件下的闭环系统稳定性，其中，参数自适应律基于李雅普诺夫稳定性理论设计。仿真结果表明，在相同控制能耗前提下，该控制器性能，如调节时间和稳态误差，均优于一般线性控制器。

(3)上述自适应控制方法要求未知参数满足“线性参数化”条件，不适用于非线性不确定情况。基于此，采用神经网络与二阶快速终端滑模控制方法设计了一般条件下的自适应控制器。其中，引入径向基函数神经网络直接对非线性不确定项进行在线估计，进而避免了线性参数化条件约束，并且采用二阶快速终端滑模控制方法保证快速性、鲁棒性、非奇异性等设计要求。此外，通过引入近似误差上界的自适应调节律，该控制方法无须获知误差上界。仿真结果表明，引入神经网络对非线性不确定项进行估计并实时反馈，可有效提高控制精度。在相同能耗前提下，该控制器性能明显优于一般线性控制器。

第 3 章　洛伦兹航天器相对轨道输出反馈控制

第 2 章研究相对轨道状态反馈控制，控制器设计中假设相对位置与相对速度状态量均可测。状态反馈控制方法的局限性可总结如下。

(1)不适用于缺失速度测量的工况，若速度传感器出现故障，则全驱动控制方法不再适用。

(2)混合控制输入(荷质比与推力器控制加速度)的最优分配律与相对速度矢量有关，缺失速度信息条件下的最优分配律适用性有待验证。

基于此，本章将针对椭圆参考轨道，研究洛伦兹航天器相对轨道输出反馈控制方法，并应用于悬停以及编队任务。输出反馈控制设计的关键步骤为观测器设计，用以估计速度信息，产生估值并进行反馈。为同时处理缺失速度测量、外部扰动以及参数不确定问题，3.1 节和 3.2 节分别基于神经网络观测器与二阶滑模观测器，设计非线性不确定条件下的自适应输出反馈控制器。

3.1　非线性不确定自适应控制(有界稳定)

本节以典型相对轨道控制任务——洛伦兹力辅助航天器悬停(Lorentz-augmented spacecraft hovering，LASH)为例，介绍相对轨道全驱动输出反馈自适应控制方法。与 2.3 节中自适应控制方法类似，本节不要求系统未知参数满足线性参数化条件，属于非线性不确定自适应控制方法，并且闭环系统有界稳定。

已有 LASH 控制器存在两方面缺点。一方面，已有洛伦兹力辅助相对轨道控制器，多将航天器荷质比视为控制输入之一。然而，实际的控制输入应为航天器带电量而非其荷质比，需要实时精确已知航天器质量，以决定航天器所需带电量，从而实现精确控制。但是，在实际飞行过程中，由于推进剂的消耗等因素，很难实时在轨精确确定航天器质量。另一方面，当无相对速度测量时，2.3 节中所述的自适应状态反馈控制器失效。因此，有必要设计自适应输出反馈控制器以解决上述问题。

基于上述分析和现有问题，提出以下研究内容。

(1)设计神经网络观测器对速度信息进行估计，并生成估值用以反馈控制。

(2)设计神经网络自适应调节律对系统非线性不确定项进行实时估计,并保证闭环系统的有界稳定。

(3)联合神经网络观测器和滑模控制方法,设计自适应闭环控制器以保证有界外部扰动和无速度测量情况下的有界稳定控制。

3.1.1　非线性不确定相对轨道动力学模型

定义 $\boldsymbol{\rho}=[x\quad y\quad z]^{\mathrm{T}}$ 为航天器相对位置矢量。参照 2.3.1 节,考虑外部摄动和系统不确定性因素,受摄 LASRM 模型可表述为

$$\begin{aligned}\ddot{\boldsymbol{\rho}} &=\boldsymbol{F}(\boldsymbol{\rho},\dot{\boldsymbol{\rho}})+(G+\Delta G)\overline{\boldsymbol{U}}+\boldsymbol{d}\\ &=\boldsymbol{F}(\boldsymbol{\rho},\dot{\boldsymbol{\rho}})+(G+\Delta G)\{\boldsymbol{U}_{\mathrm{C}}+q_{\mathrm{L}}[\boldsymbol{l}(\boldsymbol{\rho},\dot{\boldsymbol{\rho}})+\Delta\boldsymbol{l}(\boldsymbol{\rho},\dot{\boldsymbol{\rho}})]\}+\boldsymbol{d}\\ &=\boldsymbol{F}(\boldsymbol{\rho},\dot{\boldsymbol{\rho}})+G\boldsymbol{U}+\overline{\boldsymbol{D}}\end{aligned}\tag{3.1}$$

式中,非线性项 $\boldsymbol{F}(\boldsymbol{\rho},\dot{\boldsymbol{\rho}})$ 如式(2.2)所示;$G=m_{\mathrm{L}}^{-1}$ 为航天器质量 m_{L} 的逆;$\Delta G=(m_{\mathrm{L}}+\Delta m_{\mathrm{L}})-1-m_{\mathrm{L}}^{-1}$ 为质量不确定性;$\overline{\boldsymbol{U}}=\boldsymbol{U}_{\mathrm{C}}+q_{\mathrm{L}}(\boldsymbol{l}+\Delta\boldsymbol{l})$ 且 $\boldsymbol{U}=\boldsymbol{U}_{\mathrm{C}}+q_{\mathrm{L}}\boldsymbol{l}$;$\boldsymbol{d}$ 为有界外部摄动,满足 $\|\boldsymbol{d}\|\leqslant d_{\mathrm{M}}$ 且 $d_{\mathrm{M}}>0$;$\Delta\boldsymbol{l}=\boldsymbol{V}_{\mathrm{r}}\times\Delta\boldsymbol{B}$ 为由磁场模型估计引起的有界误差,其中,$\Delta\boldsymbol{B}$ 为真实地磁场与估计地磁场间的有界误差;$\overline{\boldsymbol{D}}=\Delta G\overline{\boldsymbol{U}}+Gq_{\mathrm{L}}\Delta\boldsymbol{l}+\boldsymbol{d}$ 为总误差,包括外部摄动与系统不确定项,满足 $\|\overline{\boldsymbol{D}}\|\leqslant\overline{D}_{\mathrm{M}}$ 且 $\overline{D}_{\mathrm{M}}>0$。

3.1.2　闭环自适应控制

1. 神经网络观测器设计

本小节基于 RBFNN 设计观测器,RBFNN 相关理论参见 2.3.2 节。定义 $\boldsymbol{x}_1=\boldsymbol{\rho}$ 与 $\boldsymbol{x}_2=\dot{\boldsymbol{\rho}}$,受摄动力学系统式(3.1)可表述为

$$\begin{cases}\dot{\boldsymbol{x}}_1=\boldsymbol{x}_2\\ \dot{\boldsymbol{x}}_2=\boldsymbol{F}(\boldsymbol{x}_1,\boldsymbol{x}_2)+G\hat{\boldsymbol{U}}+\boldsymbol{D}\end{cases}\tag{3.2}$$

式中,$\hat{\boldsymbol{U}}=\boldsymbol{U}_{\mathrm{C}}+q_{\mathrm{L}}\hat{\boldsymbol{l}}(\boldsymbol{x}_1,\hat{\boldsymbol{x}}_2)$;$\boldsymbol{D}=\overline{\boldsymbol{D}}+Gq_{\mathrm{L}}\tilde{\boldsymbol{l}}$ 且 $\tilde{\boldsymbol{l}}=\boldsymbol{l}-\hat{\boldsymbol{l}}$。注意到 $\boldsymbol{x}_2$ 不可测,但需要 $\boldsymbol{l}(\boldsymbol{x}_1,\boldsymbol{x}_2)$ 已知,以确定所需的电量以及推力器推力的最优分配。因此,采用 $\boldsymbol{x}_2$ 的估计值 $\hat{\boldsymbol{x}}_2$,由此引起的误差包括在矢量 $\boldsymbol{D}$ 中。

基于此,神经网络观测器可设计为

$$\begin{cases}\dot{\hat{\boldsymbol{x}}}_1=\hat{\boldsymbol{v}}+k_{o1}\tilde{\boldsymbol{x}}_1\\ \dot{\hat{\boldsymbol{v}}}=\hat{\boldsymbol{F}}(\hat{\boldsymbol{x}}_1,\hat{\boldsymbol{v}})+G\hat{U}+k_{o2}\tilde{\boldsymbol{x}}_1\end{cases}\tag{3.3}$$

式中，$\tilde{\boldsymbol{x}}_1=\boldsymbol{x}_1-\hat{\boldsymbol{x}}_1$ 为相对位置估计误差；k_{o1} 与 k_{o2} 为设计常数；$\hat{\boldsymbol{F}}$ 为 $\overline{\boldsymbol{F}}=\boldsymbol{F}+\boldsymbol{D}$ 的估计。观测器设计参考文献[142]～[144]。因而，相对速度的估计值为

$$\hat{\boldsymbol{x}}_2=\hat{\boldsymbol{v}}+k_{o3}\tilde{\boldsymbol{x}}_1\tag{3.4}$$

式中，k_{o3} 为设计常数。定义 $\tilde{\boldsymbol{x}}_2=\boldsymbol{x}_2-\hat{\boldsymbol{x}}_2$ 为相对速度估计误差，则 $\tilde{\boldsymbol{x}}_1$ 与 $\tilde{\boldsymbol{x}}_2$ 的导数为

$$\begin{cases}\dot{\tilde{\boldsymbol{x}}}_1=\tilde{\boldsymbol{x}}_2+(k_{o3}-k_{o1})\tilde{\boldsymbol{x}}_1\\ \dot{\tilde{\boldsymbol{x}}}_2=\overline{\boldsymbol{F}}(\boldsymbol{x}_1,\boldsymbol{x}_2)-\hat{\boldsymbol{F}}(\hat{\boldsymbol{x}}_1,\hat{\boldsymbol{v}})-k_{o2}\tilde{\boldsymbol{x}}_1-k_{o3}\dot{\tilde{\boldsymbol{x}}}_1\end{cases}\tag{3.5}$$

式中，$\overline{\boldsymbol{F}}(\boldsymbol{X})=\boldsymbol{F}+\boldsymbol{D}=\boldsymbol{W}^{*\mathrm{T}}\boldsymbol{h}(\boldsymbol{X})+\boldsymbol{\varepsilon}$，其中，$\boldsymbol{W}^*$ 为理想权值，且 $\boldsymbol{\varepsilon}$ 为估计误差，满足 $\|\boldsymbol{\varepsilon}\|\leqslant\varepsilon_m(\varepsilon_m>0)$。估值 $\hat{\boldsymbol{F}}(\hat{\boldsymbol{X}})$ 为

$$\hat{\boldsymbol{F}}(\hat{\boldsymbol{X}})=\hat{\boldsymbol{W}}^{\mathrm{T}}\boldsymbol{h}(\hat{\boldsymbol{X}})\tag{3.6}$$

式中，$\hat{\boldsymbol{W}}$ 为估计权值。$\boldsymbol{X}=[\boldsymbol{x}_1^{\mathrm{T}}\quad \boldsymbol{x}_2^{\mathrm{T}}]^{\mathrm{T}}$ 为状态量且其估值为 $\hat{\boldsymbol{X}}=[\hat{\boldsymbol{x}}_1^{\mathrm{T}}\quad \hat{\boldsymbol{v}}^{\mathrm{T}}]^{\mathrm{T}}$。

观测误差的收敛性以及参数 k_{o1}、k_{o2} 与 k_{o3} 之间的关系将于以下稳定性分析中详述。

2. 自适应控制器设计

基于前面的神经网络观测器，这里设计自适应滑模(adaptive SM，ASM)控制器。定义 $\boldsymbol{e}_\rho=\boldsymbol{x}_1-\boldsymbol{x}_{1d}=\boldsymbol{\rho}-\boldsymbol{\rho}_d$ 与 $\boldsymbol{e}_v=\boldsymbol{x}_2-\boldsymbol{x}_{2d}=\dot{\boldsymbol{\rho}}-\dot{\boldsymbol{\rho}}_d$ 分别为相对位置与相对速度误差。根据悬停定义，由于 $\ddot{\boldsymbol{\rho}}_d=\boldsymbol{0}$，所以 LASRM 误差动力学模型为

$$\begin{cases}\dot{\boldsymbol{e}}_\rho=\boldsymbol{e}_v\\ \dot{\boldsymbol{e}}_v=\overline{\boldsymbol{F}}(\boldsymbol{\rho},\dot{\boldsymbol{\rho}})+G\hat{U}\end{cases}\tag{3.7}$$

式中，$\boldsymbol{e}_\rho=[e_x\quad e_y\quad e_z]^{\mathrm{T}}$ 且 $\boldsymbol{e}_v=[\dot{e}_x\quad \dot{e}_y\quad \dot{e}_z]^{\mathrm{T}}$。

由于 $\dot{\boldsymbol{\rho}}_d=\boldsymbol{0}$，定义 $\boldsymbol{e}_v$ 的估计值为 $\hat{\boldsymbol{e}}_v=\hat{\boldsymbol{x}}_2=\hat{\boldsymbol{v}}+k_{o3}\tilde{\boldsymbol{x}}_1$。通常，滑模控制的首要步骤为选择滑模面，选取的线性滑模面为

$$\boldsymbol{s}=\boldsymbol{c}\,\boldsymbol{e}_\rho+\boldsymbol{e}_v\tag{3.8}$$

式中，$\boldsymbol{c}=\mathrm{diag}(c_x,c_y,c_z)$ 为正定对角参数矩阵。

若 $\boldsymbol{s}$ 的估值为 $\hat{\boldsymbol{s}}=\boldsymbol{c}\,\boldsymbol{e}_\rho+\hat{\boldsymbol{e}}_{\mathrm{v}}$，则 $\boldsymbol{s}$ 的估计误差为

$$\tilde{\boldsymbol{s}}=\boldsymbol{s}-\hat{\boldsymbol{s}}=\boldsymbol{e}_{\mathrm{v}}-\hat{\boldsymbol{e}}_{\mathrm{v}}=\tilde{\boldsymbol{x}}_2 \tag{3.9}$$

对 $\hat{\boldsymbol{s}}$ 求导得

$$\begin{aligned}\dot{\hat{\boldsymbol{s}}}&=\boldsymbol{c}\,\boldsymbol{e}_{\mathrm{v}}+\dot{\hat{\boldsymbol{e}}}_{\mathrm{v}}=\boldsymbol{c}\,\boldsymbol{e}_{\mathrm{v}}+\dot{\hat{\boldsymbol{v}}}+k_{\mathrm{o3}}\dot{\tilde{\boldsymbol{x}}}_1\\&=\boldsymbol{c}\,\boldsymbol{e}_{\mathrm{v}}+\hat{\boldsymbol{F}}+G\hat{\boldsymbol{U}}+k_{\mathrm{o2}}\tilde{\boldsymbol{x}}_1+k_{\mathrm{o3}}[\tilde{\boldsymbol{x}}_2+(k_{\mathrm{o3}}-k_{\mathrm{o1}})\tilde{\boldsymbol{x}}_1]\end{aligned} \tag{3.10}$$

若参数满足 $k_{\mathrm{o2}}=k_{\mathrm{o3}}(k_{\mathrm{o1}}-k_{\mathrm{o3}})$[142]，则式(3.10)化简为 $\dot{\hat{\boldsymbol{s}}}=\boldsymbol{c}\,\boldsymbol{e}_{\mathrm{v}}+\hat{\boldsymbol{F}}+G\hat{\boldsymbol{U}}+k_{\mathrm{o3}}\tilde{\boldsymbol{x}}_2$。注意到 $\boldsymbol{e}_{\mathrm{v}}$ 与 $\tilde{\boldsymbol{x}}_2$ 含有未知真实速度信号，因而等效控制设计为

$$\hat{\boldsymbol{U}}_{\mathrm{eq}}=-G^{-1}(\boldsymbol{c}\,\hat{\boldsymbol{e}}_{\mathrm{v}}+\hat{\boldsymbol{F}}) \tag{3.11}$$

切换控制设计[145]为

$$\hat{\boldsymbol{U}}_s=-G^{-1}[\boldsymbol{k}_{\mathrm{c1}}\hat{\boldsymbol{s}}+\boldsymbol{k}_{\mathrm{c2}}\,\mathrm{sig}^\gamma(\hat{\boldsymbol{s}})] \tag{3.12}$$

式中，$\boldsymbol{k}_{ci}=\mathrm{diag}(k_{cix},k_{ciy},k_{ciz})(i=1,2)$为正定对角参数矩阵。向量$\mathrm{sig}^\gamma(\hat{\boldsymbol{s}})$的定义式为$\mathrm{sig}^\gamma(\hat{\boldsymbol{s}})=[|\hat{s}_x|^\gamma\mathrm{sgn}(\hat{s}_x)\quad|\hat{s}_y|^\gamma\mathrm{sgn}(\hat{s}_y)\quad|\hat{s}_z|^\gamma\mathrm{sgn}(\hat{s}_z)]^{\mathrm{T}}$ 且 $0<\gamma<1$。

因而，闭环悬停总控制力 $\hat{\boldsymbol{U}}$ 为

$$\hat{\boldsymbol{U}}=\hat{\boldsymbol{U}}_{\mathrm{eq}}+\hat{\boldsymbol{U}}_s \tag{3.13}$$

传统滑模控制因采用非连续的符号函数而引起抖振。不同的是，采用指数项后，控制力 $\hat{\boldsymbol{U}}$ 连续且无抖振[145]。同理，若按燃料最优原则进行分配，则最优配比为

$$q_{\mathrm{L}}^*=\begin{cases}\dfrac{\hat{\boldsymbol{U}}\cdot\hat{\boldsymbol{l}}}{\|\hat{\boldsymbol{l}}\|^2}, & \|\hat{\boldsymbol{l}}\|\neq 0\\[2ex] 0, & \|\hat{\boldsymbol{l}}\|=0\end{cases} \tag{3.14}$$

$$\boldsymbol{U}_{\mathrm{C}}^*=\begin{cases}\hat{\boldsymbol{U}}-\dfrac{\hat{\boldsymbol{U}}\cdot\hat{\boldsymbol{l}}}{\|\hat{\boldsymbol{l}}\|^2}\hat{\boldsymbol{l}}, & \|\hat{\boldsymbol{l}}\|\neq 0\\[2ex] \hat{\boldsymbol{U}}, & \|\hat{\boldsymbol{l}}\|=0\end{cases} \tag{3.15}$$

考虑到目前能实现的最大荷质比约为 $\lambda_{\mathrm{M}}=0.03\mathrm{C/kg}$，则最大带电量为 $q_{\mathrm{LM}}=\lambda_{\mathrm{M}}m_{\mathrm{L}}$。若所需电量超过最大值，则对应的控制律修正为

$$\begin{cases} q_L^* = q_{LM}\mathrm{sgn}(q_L^*) \\ \boldsymbol{U}_C^* = \hat{\boldsymbol{U}} - q_L^* \hat{\boldsymbol{l}} \end{cases} \tag{3.16}$$

此外,RBFNN 的自适应调节律设计为

$$\dot{\hat{\boldsymbol{W}}} = \boldsymbol{\Gamma}\hat{\boldsymbol{h}}\,\tilde{\boldsymbol{s}}^{\mathrm{T}} \tag{3.17}$$

式中,$\boldsymbol{\Gamma}=\mathrm{diag}(\Gamma_x,\Gamma_y,\Gamma_z)$为参数矩阵。由于 $\tilde{s}$ 含有未知真实速度信号,无法直接利用式(3.17)来更新权值矩阵,但可由式(3.18)计算:

$$\begin{aligned} \hat{\boldsymbol{W}}(t) &= \int_0^t \dot{\hat{\boldsymbol{W}}}(\tau)\mathrm{d}\tau = \int_0^t \boldsymbol{\Gamma}\hat{\boldsymbol{h}}(\boldsymbol{x}_2^{\mathrm{T}} - \hat{\boldsymbol{v}}^{\mathrm{T}} - k_{o3}\tilde{\boldsymbol{x}}_1^{\mathrm{T}})\mathrm{d}\tau \\ &= \boldsymbol{\Gamma}\dot{\boldsymbol{h}}\,\boldsymbol{x}_1^{\mathrm{T}} - \int_0^t \boldsymbol{\Gamma}[\hat{\boldsymbol{h}}(\hat{\boldsymbol{v}}^{\mathrm{T}} + k_{o3}\tilde{\boldsymbol{x}}_1^{\mathrm{T}}) + \dot{\hat{\boldsymbol{h}}}\boldsymbol{x}_1^{\mathrm{T}}]\mathrm{d}\tau \end{aligned} \tag{3.18}$$

式中,$\dot{\hat{\boldsymbol{h}}}=\dot{\hat{\boldsymbol{h}}}(\hat{\boldsymbol{x}}_1,\hat{\boldsymbol{v}},\dot{\hat{\boldsymbol{x}}}_1,\dot{\hat{\boldsymbol{v}}})$不包含真实速度信号。对式(3.18)求导即可得到式(3.17)。

ASM 控制器闭环控制系统框图如图 3.1 所示。

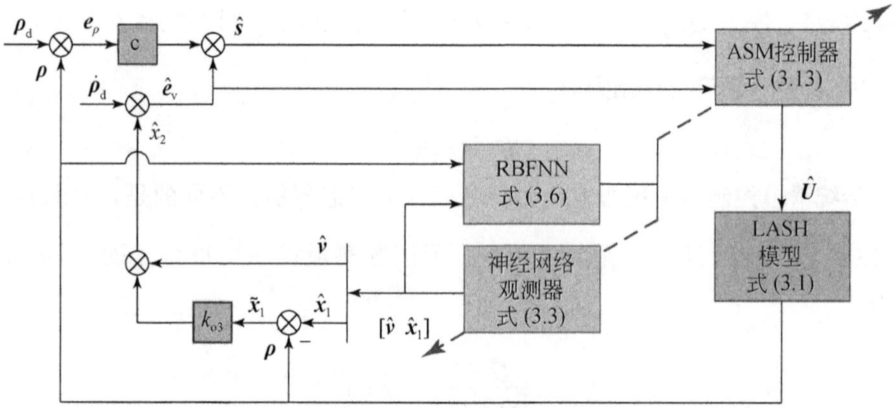

图 3.1 ASM 控制器闭环控制系统框图[116]

3. 稳定性分析

由 ASM 控制器驱动的闭环系统稳定性分析总结于如下定理。

定理 3.1 对如式(3.1)所示的洛伦兹力辅助悬停动力学系统,若观测器设计如式(3.3)所示,控制律设计如式(3.14)~式(3.16)所示,RBFNN 自适应调节律如式(3.18)所示,且观测器和控制器参数满足

$$\begin{cases} k_{o2}=k_{o3}(k_{o1}-k_{o3}) \\ k_{o1}>k_{o3}>2 \\ \underline{k}_{c1}>\bar{c}^2/4+k_{o3} \\ \underline{k}_{c2}>0 \end{cases} \tag{3.19}$$

则闭环系统最终一致有界稳定，系统轨迹收敛至 $\boldsymbol{s}=\boldsymbol{0}$ 的邻域，即

$$\|\boldsymbol{s}\|\leqslant\delta_s=\min\{\sqrt{\gamma_4/\gamma_1},\sqrt[\gamma+1]{\gamma_4/\gamma_3}\}+\sqrt{\gamma_4/\gamma_2} \tag{3.20}$$

式中，$\gamma_1=\underline{k}_{c1}-\bar{c}^2/4-k_{o3}>0$；$\gamma_2=k_{o3}/2-1>0$；$\gamma_3=\underline{k}_{c2}>0$ 且 $\gamma_4=k_{o3}^{-1}\xi_M^2>0$；$\underline{k}_{c1}$ 与 $\underline{k}_{c2}$ 为矩阵 $\boldsymbol{k}_{c1}$ 与 $\boldsymbol{k}_{c2}$ 的最小特征值；$\bar{c}$ 为矩阵 $\boldsymbol{c}$ 的最大特征值。ξ_M 的定义如下。相对位置与相对速度的误差收敛至

$$\begin{cases} |e_{\rho i}|\leqslant\delta_s c_i^{-1} \\ |e_{vi}|\leqslant\delta_s \end{cases},\quad i=x,y,z \tag{3.21}$$

证明　考虑如下李雅普诺夫函数：

$$V=\frac{1}{2}\hat{\boldsymbol{s}}^{\mathrm{T}}\hat{\boldsymbol{s}}+\frac{1}{2}\tilde{\boldsymbol{s}}^{\mathrm{T}}\tilde{\boldsymbol{s}}+\frac{1}{2}\mathrm{tr}\{\tilde{\boldsymbol{W}}^{\mathrm{T}}\boldsymbol{\Gamma}^{-1}\tilde{\boldsymbol{W}}\} \tag{3.22}$$

式中，$\tilde{\boldsymbol{W}}=\boldsymbol{W}^*-\hat{\boldsymbol{W}}$ 且 $\dot{\tilde{\boldsymbol{W}}}=-\dot{\hat{\boldsymbol{W}}}$。

由于 $\tilde{\boldsymbol{s}}=\tilde{\boldsymbol{x}}_2$，对 V 求时间导数得

$$\dot{V}=\hat{\boldsymbol{s}}^{\mathrm{T}}\dot{\hat{\boldsymbol{s}}}+\tilde{\boldsymbol{s}}^{\mathrm{T}}\dot{\tilde{\boldsymbol{x}}}_2+\mathrm{tr}\{\tilde{\boldsymbol{W}}^{\mathrm{T}}\boldsymbol{\Gamma}^{-1}\dot{\tilde{\boldsymbol{W}}}\} \tag{3.23}$$

由于

$$\begin{aligned} \bar{\boldsymbol{F}}-\hat{\boldsymbol{F}} &=\boldsymbol{W}^{*\mathrm{T}}\boldsymbol{h}+\varepsilon-\boldsymbol{W}^{*\mathrm{T}}\hat{\boldsymbol{h}}+\boldsymbol{W}^{*\mathrm{T}}\hat{\boldsymbol{h}}-\hat{\boldsymbol{W}}^{\mathrm{T}}\hat{\boldsymbol{h}} \\ &=\boldsymbol{W}^{*\mathrm{T}}\tilde{\boldsymbol{h}}+\varepsilon+\tilde{\boldsymbol{W}}^{\mathrm{T}}\hat{\boldsymbol{h}} \end{aligned} \tag{3.24}$$

式中，$\tilde{\boldsymbol{h}}=\boldsymbol{h}-\hat{\boldsymbol{h}}$，将式(3.5)、式(3.10)与式(3.18)代入式(3.23)中，得

$$\begin{aligned} \dot{V} &=\hat{\boldsymbol{s}}^{\mathrm{T}}(\boldsymbol{c}\boldsymbol{e}_{\mathrm{v}}+\hat{\boldsymbol{F}}+\boldsymbol{G}\hat{\boldsymbol{U}}+k_{o3}\tilde{\boldsymbol{s}})+\tilde{\boldsymbol{s}}^{\mathrm{T}}(\bar{\boldsymbol{F}}-\hat{\boldsymbol{F}}-k_{o3}\tilde{\boldsymbol{s}})-\mathrm{tr}\{\tilde{\boldsymbol{W}}^{\mathrm{T}}\hat{\boldsymbol{h}}\tilde{\boldsymbol{s}}^{\mathrm{T}}\} \\ &=\hat{\boldsymbol{s}}^{\mathrm{T}}[\boldsymbol{c}(\hat{\boldsymbol{e}}_{\mathrm{v}}+\tilde{\boldsymbol{s}})+\hat{\boldsymbol{F}}+\boldsymbol{G}\hat{\boldsymbol{U}}+k_{o3}\tilde{\boldsymbol{s}}]+\tilde{\boldsymbol{s}}^{\mathrm{T}}(\boldsymbol{\xi}-k_{o3}\tilde{\boldsymbol{s}}) \end{aligned} \tag{3.25}$$

式中，$\boldsymbol{\xi}=\boldsymbol{\varepsilon}+\boldsymbol{W}^{*\mathrm{T}}\tilde{\boldsymbol{h}}$，满足 $\|\boldsymbol{\xi}\|\leqslant\xi_M$ 且 $\xi_M>0$。

将控制律代入式(3.25)，可得

$$\begin{aligned} \dot{V} &=\hat{\boldsymbol{s}}^{\mathrm{T}}[\boldsymbol{c}\tilde{\boldsymbol{s}}+k_{o3}\tilde{\boldsymbol{s}}-\boldsymbol{k}_{c1}\hat{\boldsymbol{s}}-\boldsymbol{k}_{c2}\,\mathrm{sig}^{\gamma}(\hat{\boldsymbol{s}})]+\tilde{\boldsymbol{s}}^{\mathrm{T}}(\boldsymbol{\xi}-k_{o3}\tilde{\boldsymbol{s}}) \\ &\leqslant(\bar{c}^2/4)\hat{\boldsymbol{s}}^{\mathrm{T}}\hat{\boldsymbol{s}}+\tilde{\boldsymbol{s}}^{\mathrm{T}}\tilde{\boldsymbol{s}}+k_{o3}\hat{\boldsymbol{s}}^{\mathrm{T}}\hat{\boldsymbol{s}}+(k_{o3}/4)\tilde{\boldsymbol{s}}^{\mathrm{T}}\tilde{\boldsymbol{s}}-\underline{k}_{c1}\hat{\boldsymbol{s}}^{\mathrm{T}}\hat{\boldsymbol{s}} \\ &\quad-\underline{k}_{c2}\|\hat{\boldsymbol{s}}\|^{\gamma+1}+(k_{o3}/4)\tilde{\boldsymbol{s}}^{\mathrm{T}}\tilde{\boldsymbol{s}}+k_{o3}^{-1}\boldsymbol{\xi}^{\mathrm{T}}\boldsymbol{\xi}-k_{o3}\tilde{\boldsymbol{s}}^{\mathrm{T}}\tilde{\boldsymbol{s}} \end{aligned}$$

$$\leqslant -\gamma_1\|\hat{\mathbf{s}}\|^2-\gamma_2\|\tilde{\mathbf{s}}\|^2-\gamma_3\|\hat{\mathbf{s}}\|^{\gamma+1}+\gamma_4 \tag{3.26}$$

可见，当下列条件满足时，$\dot{V}<0$ 成立：

$$\|\hat{\mathbf{s}}\|>\min\{\sqrt{\gamma_4/\gamma_1},\sqrt[\gamma+1]{\gamma_4/\gamma_3}\}=\delta_{s1} \tag{3.27}$$

$$\|\tilde{\mathbf{s}}\|>\sqrt{\gamma_4/\gamma_2}=\delta_{s2} \tag{3.28}$$

由 $\|\mathbf{s}\|=\|\hat{\mathbf{s}}+\tilde{\mathbf{s}}\|\leqslant\|\hat{\mathbf{s}}\|+\|\tilde{\mathbf{s}}\|$ 得，系统轨迹将收敛至如式(3.20)所示的收敛域，即

$$\|\mathbf{s}\|\leqslant\delta_s=\delta_{s1}+\delta_{s2} \tag{3.29}$$

由于 $\|\mathbf{s}\|\leqslant\delta_s$ 表示 $|s_i|\leqslant\delta_s(i=x,y,z)$，所以可得

$$\begin{cases}(c_i-s_ie_{\rho i}^{-1})e_{\rho i}+e_{vi}=0\\ c_ie_{\rho i}+(1-s_ie_{vi}^{-1})e_{vi}=0\end{cases} \tag{3.30}$$

因此，若不等式 $c_i-s_ie_{\rho i}^{-1}>0$ 或 $1-s_ie_{vi}^{-1}>0$ 任一成立，则滑模运动保持，表示相对位置误差与相对速度误差继续收敛至

$$|e_{\rho i}|\leqslant\delta_sc_i^{-1},\quad i=x,y,z \tag{3.31}$$

与

$$|e_{vi}|\leqslant\delta_s,\quad i=x,y,z \tag{3.32}$$

证毕。

注 3.1 可通过增大 k_{o3}、$\underline{k}_{c1}$ 与 $\underline{k}_{c2}$ 来提高 $\|\mathbf{s}\|$、$|e_{\rho i}|$ 与 $|e_{vi}|$ 的控制精度。

注 3.2 由于 $\tilde{\mathbf{s}}=\tilde{\mathbf{x}}_2$，$\delta_{s2}$ 的控制精度也即速度观测误差，同理，k_{o3} 值越大，观测误差越小。

3.1.3 数值仿真与分析

假设目标航天器位于椭圆 LEO，且其轨道根数如表 3.1 所示。地磁轴初始相位角为 $\Omega_0=-60°$ 且地磁轴倾角为 $\alpha=11.3°$。期望悬停位置为 $\boldsymbol{\rho}_d=[1000\quad 0\quad 0]^{\mathrm{T}}\mathrm{m}$。

表 3.1 椭圆 LEO 主航天器初始时刻轨道根数[116]

轨道根数	数值
长半轴/km	6900
偏心率	0.01
轨道倾角/(°)	30

续表

轨道根数	数值
升交点赤经/(°)	50
近地点幅角/(°)	0
真近点角/(°)	0

为验证控制器性能，外部扰动选取为 J_2 摄动以及其他周期性摄动，即

$$\boldsymbol{D}_{\mathrm{p}}=D_{\mathrm{pm}}\begin{bmatrix}(1/2)\sin(\bar{n}_{\mathrm{C}}t)\\ \sin(\bar{n}_{\mathrm{C}}t)\\ \cos(\bar{n}_{\mathrm{C}}t)\end{bmatrix} \tag{3.33}$$

式中，$\bar{n}_{\mathrm{C}}=\sqrt{\mu/a_{\mathrm{C}}^3}$，$a_{\mathrm{C}}$ 为主航天器轨道长半轴；D_{pm} 为常数。

初始相对位置误差为 $\boldsymbol{e}_\rho(0)=[50\quad 50\quad -100]^{\mathrm{T}}\mathrm{m}$ 且初始相对速度误差为零，即 $\boldsymbol{e}_{\mathrm{v}}(0)=\mathbf{0}$。观测器初始估值取为 $\hat{\boldsymbol{x}}_1(0)=\boldsymbol{\rho}_{\mathrm{d}}+e_\rho(0)$ 与 $\hat{\boldsymbol{x}}_2(0)=[0.2\quad 0.2\quad 0.1]^{\mathrm{T}}\mathrm{m/s}$。RBFNN 中矩阵 $\boldsymbol{C}$ 取为

$$\boldsymbol{C}=\begin{bmatrix}-1000 & -500 & 0 & 500 & 1000\\ -500 & -250 & 0 & 250 & 500\\ -300 & -150 & 0 & 150 & 300\\ -1 & -0.5 & 0 & 0.5 & 1\\ -1 & -0.5 & 0 & 0.5 & 1\\ -1 & -0.5 & 0 & 0.5 & 1\end{bmatrix} \tag{3.34}$$

悬停控制仿真参数列于表 3.2，其中 $i=x,y,z$ 且 $j=1,2,\cdots,5$。

表 3.2 悬停控制仿真参数[116]

类别	参数
观测器	$k_{\mathrm{o1}}=2.70, k_{\mathrm{o3}}=2.60$
控制器	$k_{\mathrm{c1}i}=4, k_{\mathrm{c2}i}=8\times10^{-4}, \gamma=1/3, c_i=4\times10^{-3}, b_j=500, \hat{\boldsymbol{W}}(0)=\mathbf{0}, \Gamma_i=2$
航天器	$m_{\mathrm{L}}=50\mathrm{kg}, \Delta m_{\mathrm{L}}=-1\mathrm{kg}$
其他	$D_{\mathrm{pm}}=10^{-6}\mathrm{m/s^2}, \Delta\boldsymbol{l}=0.05\boldsymbol{l}\cos(\bar{n}_{\mathrm{C}}t), \lambda_{\mathrm{M}}=0.03\mathrm{C/kg}$

相对位置误差与相对速度误差轨迹分别如图 3.2 和图 3.3 所示，可见，所有误差约从 $0.3T$ 后收敛至平衡点附近，其中 T 为主航天器轨道周期。稳态相对位置

控制精度为 10^{-2}m，相对速度控制精度为 10^{-5}m/s。

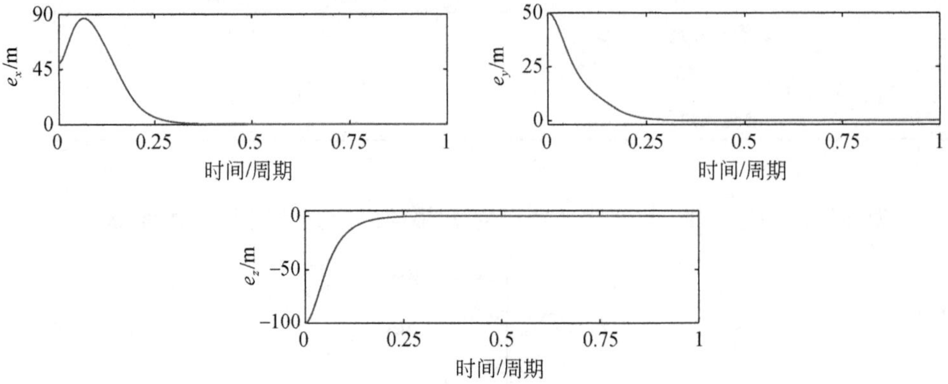

图 3.2 ASM 控制器相对位置误差轨迹[116]

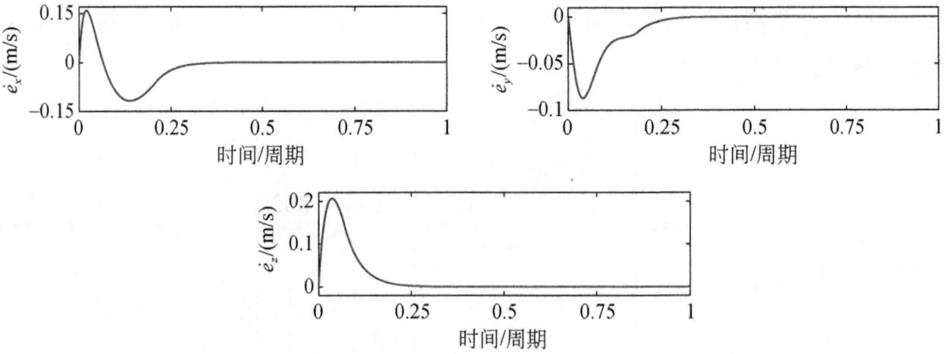

图 3.3 ASM 控制器相对速度误差轨迹[116]

实际与期望混合控制输入轨迹如图 3.4 所示。可见，所需充电量为 $10^{-1}\sim10^{0}$C 数量级，推力器推力为 10^{-1}N 数量级。对于质量为 50kg 的航天器，对应的荷质比为 10^{-2}C/kg 数量级，且推力器控制加速度为 10^{-3}m/s^2 数量级。闭环悬停控制所需的荷质比均小于最大值 0.03C/kg。对于非带电航天器，实现闭环悬停需消耗的速度增量为 $\Delta V=\int_0^T G^{-1}\|\hat{\boldsymbol{U}}\|\mathrm{d}t$ 。但对于带电洛伦兹航天器，所需速度增量消耗减小至 $\Delta V=\int_0^T G^{-1}\|\hat{\boldsymbol{U}}_{\mathrm{C}}\|\mathrm{d}t$ 。该算例中可节省约 63％的速度增量，证明了洛伦兹航天器在轨道机动中节省推进剂的优势。同时，控制轨迹连续且无抖振。图 3.5 给出函数 $\bar{\boldsymbol{F}}$ 的真实值与 RBFNN 估值轨迹，证明了 RBFNN 的全局逼近性质。该

算例验证了上述理论分析与设计。

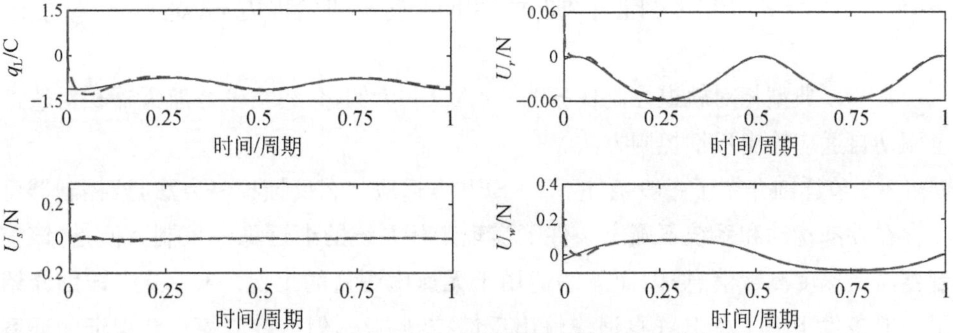

图 3.4　ASM 控制器控制输入轨迹[116]

—— 期望值；　- - - 真实值

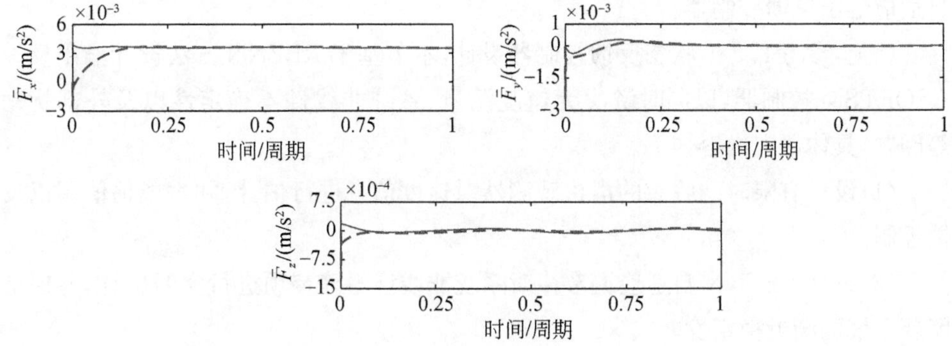

图 3.5　函数 $\bar{\boldsymbol{F}}$ 的真实值与 RBFNN 估值轨迹[116]

—— 真实值；　- - - - 近似值

综上，本节基于神经网络观测器和自适应滑模控制方法设计了洛伦兹航天器相对轨道全驱动输出反馈控制器。基于李雅普诺夫稳定性理论推导了 RBFNN 的自适应调节律，用以保证闭环控制系统的有界稳定性。基于理论分析和数值仿真结果，得出以下结论。

(1)通过引入神经网络对系统非线性不确定项进行估计，可避免要求系统不确定参数满足线性参数化条件，因而该控制器适用范围更广。

(2)通过引入神经网络观测器，该控制器可适用于无速度测量的工况，可有效避免由速度传感器故障引起的控制器失效。

(3)RBFNN 可有效逼近系统非线性未知函数，通过对估值的实时反馈，可保证控制系统的高精度要求。

3.2 非线性不确定自适应控制(渐近稳定)

本节以典型相对轨道控制任务——LASFF 为例,介绍洛伦兹航天器相对轨道全驱动自适应输出反馈控制方法。

2.3 节详细介绍了一般条件下 LASFF 自适应状态反馈控制方法,该控制器可在存在外部扰动和系统不确定条件下实现闭环系统的渐近稳定控制。但是,该控制器需要速度测量信息,因而无法适用于无速度测量的工况。3.1 节中详细介绍了一般条件下的 LASRM 自适应输出反馈控制方法,但该控制律仅能保证闭环系统状态的有界稳定,而非渐近稳定,即系统状态仅能收敛至平衡点的邻域,而非渐近收敛至平衡点。为保证在无速度测量的条件下实现渐近稳定控制,需重新设计自适应输出反馈控制器。

综上,参考 2.3 节状态反馈控制器设计,本节基于 RBFNN 方法设计输出反馈 ASOFTSM 控制器,以同时解决无速度测量、系统非线性不确定性以及外部扰动等问题,具体研究内容如下。

(1)设计有限时间收敛的滑模观测器对速度信息进行估计,并生成估值用以反馈控制。

(2)设计 RBFNN 自适应调节律对系统非线性不确定项进行实时估计,并保证闭环系统的渐近稳定性。

(3)设计 RBFNN 近似误差上界估值的自适应律,并保证闭环系统的渐近稳定性。

(4)联合神经网络逼近和二阶滑模观测器、自适应控制方法,设计自适应闭环控制器以保证在上界未知的外部扰动和无速度测量情况下的渐近稳定控制。

3.2.1 非线性不确定相对轨道动力学模型

定义 $\boldsymbol{\rho}=[x \quad y \quad z]^{\mathrm{T}}$ 为航天器相对位置矢量。参照 2.3.1 节或 3.1.1 节,受摄 LASRM 模型如式(2.64)或式(3.1)所示。

3.2.2 闭环自适应控制

1. 二阶滑模观测器

为实现无速度测量情况下的闭环控制,设计有限时间二阶滑模观测器[131,146]为

$$\begin{cases}\dot{\hat{\boldsymbol{x}}}_1=\hat{\boldsymbol{x}}_2+\boldsymbol{\kappa}_{o1}\,|\boldsymbol{x}_1-\hat{\boldsymbol{x}}_1|^{1/2}\,\mathrm{sgn}(\boldsymbol{x}_1-\hat{\boldsymbol{x}}_1)\\ \dot{\hat{\boldsymbol{x}}}_2=\boldsymbol{g}(t,\boldsymbol{x}_1,\hat{\boldsymbol{x}}_2,\boldsymbol{U})+\boldsymbol{\kappa}_{o2}\,\mathrm{sgn}(\boldsymbol{x}_1-\hat{\boldsymbol{x}}_1)\end{cases}\tag{3.35}$$

式中，$\boldsymbol{x}_1=\boldsymbol{\rho}$ 且 $\boldsymbol{x}_2=\dot{\boldsymbol{\rho}}$；$\hat{\boldsymbol{x}}_1$ 与 $\hat{\boldsymbol{x}}_2$ 分别为 $\boldsymbol{\rho}$ 与 $\dot{\boldsymbol{\rho}}$ 的估值。此外，函数 $\boldsymbol{g}$ 的定义式为 $\boldsymbol{g}=\boldsymbol{F}(\boldsymbol{x}_1,\hat{\boldsymbol{x}}_2)+G\boldsymbol{U}$。$\boldsymbol{\kappa}_{oi}=\mathrm{diag}(\kappa_{oix},\kappa_{oiy},\kappa_{oiz})(i=1,2)$ 为满足下列不等式的常值参数矩阵：

$$\begin{cases}\kappa_{o1j}>0\\ \kappa_{o2j}>3g_{\mathrm{m}}+2\,(g_{\mathrm{m}}/\kappa_{o1j})^2\end{cases},\quad j=x,y,z\tag{3.36}$$

式中，$g_{\mathrm{m}}>0$ 为 $\|\boldsymbol{g}(t,\boldsymbol{x}_1,\boldsymbol{x}_2,\boldsymbol{U})-\boldsymbol{g}(t,\boldsymbol{x}_1,\hat{\boldsymbol{x}}_2,\boldsymbol{U})+\boldsymbol{D}\|$ 的上界。

观测器有限时间收敛的详细证明参见文献[146]，结果表明，估计状态在有限时间 T_{f} 内收敛至真实状态，即在 T_{f} 时刻后，有 $\boldsymbol{x}_1=\hat{\boldsymbol{x}}_1$ 和 $\boldsymbol{x}_2=\hat{\boldsymbol{x}}_2$ 成立。

2. 自适应控制器设计

与 2.3.2 节中的状态反馈控制器类似，输出反馈控制律设计为

$$\boldsymbol{U}=\boldsymbol{U}_{\mathrm{eq}}+\boldsymbol{U}_{\mathrm{s}}\tag{3.37}$$

式中，

$$\boldsymbol{U}_{\mathrm{eq}}=-G^{-1}(c\hat{\boldsymbol{e}}_{\mathrm{v}}+\hat{\boldsymbol{F}}+\boldsymbol{\zeta}\hat{\boldsymbol{s}}+\boldsymbol{\xi}\hat{\boldsymbol{s}}^{q/p})-\int_{t_0}^{t}G^{-1}[\hat{\boldsymbol{W}}^{\mathrm{T}}\boldsymbol{h}(\hat{\boldsymbol{X}})+\hat{\boldsymbol{\Delta}}_{\mathrm{m}}]\mathrm{d}\tau\tag{3.38}$$

$$\boldsymbol{U}_{\mathrm{s}}=\int_{t_0}^{t}G^{-1}[-\boldsymbol{k}_1\hat{\boldsymbol{\eta}}-\boldsymbol{k}_2\,\mathrm{sgn}(\hat{\boldsymbol{\eta}})]\mathrm{d}\tau\tag{3.39}$$

式中，$\hat{\boldsymbol{e}}_{\mathrm{v}}=\hat{\boldsymbol{x}}_2-\dot{\boldsymbol{\rho}}_{\mathrm{d}}$；$\hat{\boldsymbol{F}}=\boldsymbol{F}(\boldsymbol{x}_1,\hat{\boldsymbol{x}}_2)$ 且 $\hat{\boldsymbol{\Delta}}_{\mathrm{m}}=\hat{\delta}_{\mathrm{m}}\mathrm{sgn}(\hat{\boldsymbol{\eta}})$。RBFNN 的输入变量修正为 $\hat{\boldsymbol{X}}=[\boldsymbol{x}_1^{\mathrm{T}}\quad \hat{\boldsymbol{x}}_2^{\mathrm{T}}\quad \boldsymbol{\rho}_{\mathrm{d}}^{\mathrm{T}}\quad \dot{\boldsymbol{\rho}}_{\mathrm{d}}^{\mathrm{T}}\quad \ddot{\boldsymbol{\rho}}_{\mathrm{d}}^{\mathrm{T}}]^{\mathrm{T}}$。同理，控制输入按式(2.87)与式(2.88)所示的最优分配律分解为带电量 q_{L}^* 与推力器控制力 $\boldsymbol{U}_{\mathrm{C}}^*$。$\hat{\boldsymbol{s}}$ 和 $\hat{\boldsymbol{\eta}}$ 为二阶滑模面，即

$$\hat{\boldsymbol{s}}=c\boldsymbol{e}_{\rho}+\hat{\boldsymbol{e}}_{\mathrm{v}}\tag{3.40}$$

和

$$\hat{\boldsymbol{\eta}}=\dot{\hat{\boldsymbol{s}}}+\boldsymbol{\zeta}\boldsymbol{s}+\boldsymbol{\xi}\boldsymbol{s}^{q/p}\tag{3.41}$$

式中，$\dot{\hat{\boldsymbol{s}}}$ 可由如式(2.90)所示的微分器求解。

同理，式(2.75)中未知函数 $\boldsymbol{f}$ 的 RBFNN 估值为

$$\hat{\boldsymbol{f}}(\hat{\boldsymbol{X}})=\hat{\boldsymbol{W}}^{\mathrm{T}}\boldsymbol{h}(\hat{\boldsymbol{X}})\tag{3.42}$$

对应地，RBFNN 自适应律设计为

$$\dot{\hat{\boldsymbol{W}}}=\boldsymbol{\Gamma}\boldsymbol{h}(\hat{\boldsymbol{X}})\hat{\boldsymbol{\eta}}^{\mathrm{T}}\tag{3.43}$$

式中，$\boldsymbol{\Gamma}=\mathrm{diag}(\Gamma_1,\Gamma_2,\cdots,\Gamma_m)$ 为对角正定参数矩阵，m 为神经元数量。

上界估值 $\hat{\delta}_{\mathrm{m}}$ 的自适应律设计为

$$\dot{\hat{\delta}}_{\mathrm{m}}=\gamma\sum_{i}|\hat{\eta}_i|,\quad i=x,y,z \tag{3.44}$$

式中，$\gamma>0$ 为设计常数。

ASOFTSM 控制器闭环控制系统框图如图 3.6 所示。

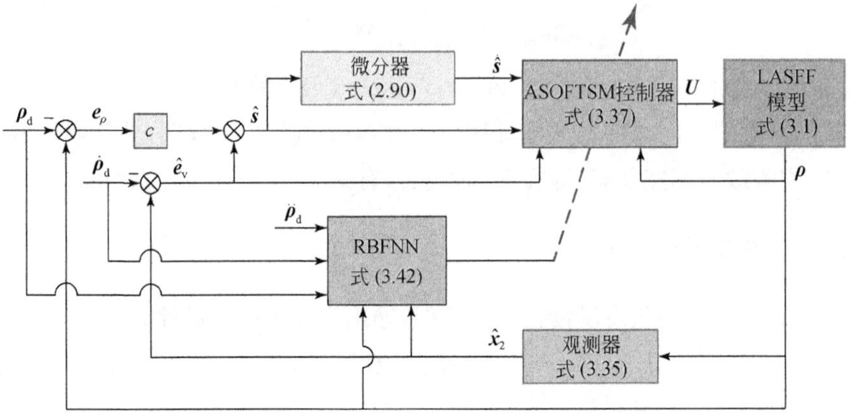

图 3.6　ASOFTSM 控制器闭环控制系统框图

3. 稳定性分析

由 ASOFTSM 控制器驱动的闭环系统稳定性分析，总结如下定理。

定理 3.2　对于如式(3.1)所示的 LASFF 动力学系统，若选取的二阶快速终端滑模面如式(3.40)和式(3.41)所示，控制律如式(3.37)所示，且 RBFNN 和近似误差上界的自适应律分别如式(3.43)和式(3.44)所示，则系统误差将渐近收敛至零，且闭环系统渐近稳定。

证明　考虑如下李雅普诺夫函数：

$$V=\frac{1}{2}(\hat{\boldsymbol{\eta}}^{\mathrm{T}}\hat{\boldsymbol{\eta}}+\mathrm{tr}\{\widetilde{\boldsymbol{W}}^{\mathrm{T}}\boldsymbol{\Gamma}^{-1}\widetilde{\boldsymbol{W}}\}+\gamma^{-1}\tilde{\delta}_{\mathrm{m}}^{2}) \tag{3.45}$$

采用证明定理 2.3 的类似方法，可得

$$\dot{V}\leqslant-\hat{\boldsymbol{\eta}}^{\mathrm{T}}\boldsymbol{k}_1\hat{\boldsymbol{\eta}}-\sum_{i}k_{2i}|\hat{\eta}_i|<0,\quad i=x,y,z \tag{3.46}$$

需要注意的是，式(3.46)表示各估值状态的渐近收敛特性。在系统估值状态渐近收敛至平衡点前，根据观测器的有限时间收敛特性，系统估值状态已在有限时间内收敛至其真值。因此，上述证明虽仅证明了估值状态的渐近收敛特性，但在有限时间内，估值状态收敛至真实状态，也即保证了真实状态的渐近收敛特性。

证毕。

3.2.3　数值仿真与分析

1. 开环控制器

控制任务为完成洛伦兹航天器椭圆轨道编队构形建立，具体仿真参数与结果详见 2.3.3 节。

2. 闭环控制器

2.3.3 节中给出了状态反馈 ASOFTSM 控制器的仿真结果，本小节针对相同的闭环控制任务，对输出反馈 ASOFTSM 控制器进行数值仿真，并与状态反馈仿真结果进行对比。假设观测器初始估值为 $\hat{\boldsymbol{x}}_1(0)=\mathbf{0}\text{m}$ 和 $\hat{x}_2(0)=[0.1\quad -0.1\quad 0]^{\mathrm{T}}\text{m/s}$，其他仿真参数与 2.3.3 节相同。

图 3.7 和图 3.8 分别给出状态反馈与输出反馈控制器的相对位置误差和相对速度误差轨迹，其中，状态反馈控制器仿真结果与 2.3.3 节相同。为更为清晰地区分两类控制器的误差轨迹，前 50s 内的仿真结果单独列出。此外，对两类控制器，相对位置的终端控制精度均为 10^{-2}m，且相对速度的终端控制精度均为 10^{-5}m/s。

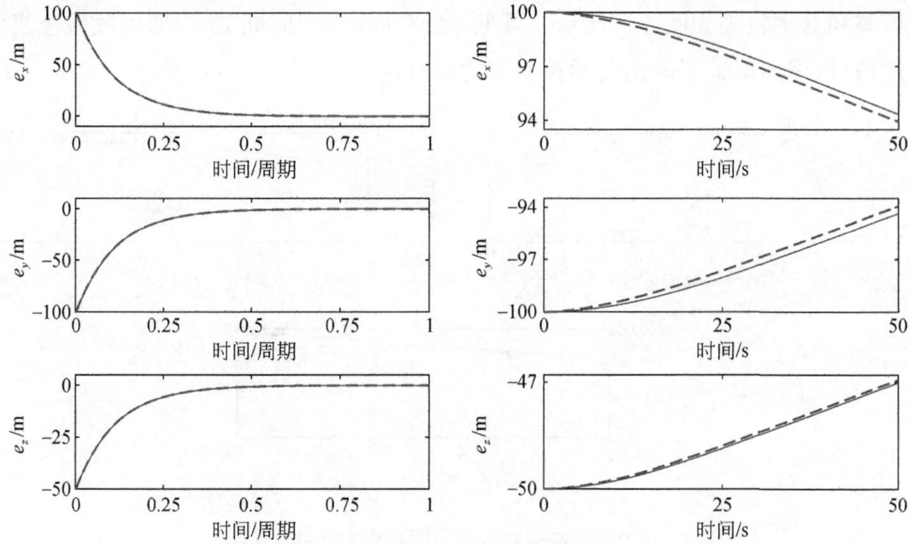

图 3.7　状态反馈与输出反馈 ASOFTSM 控制器相对位置误差轨迹[117]

—— 状态反馈；－－－ 输出反馈

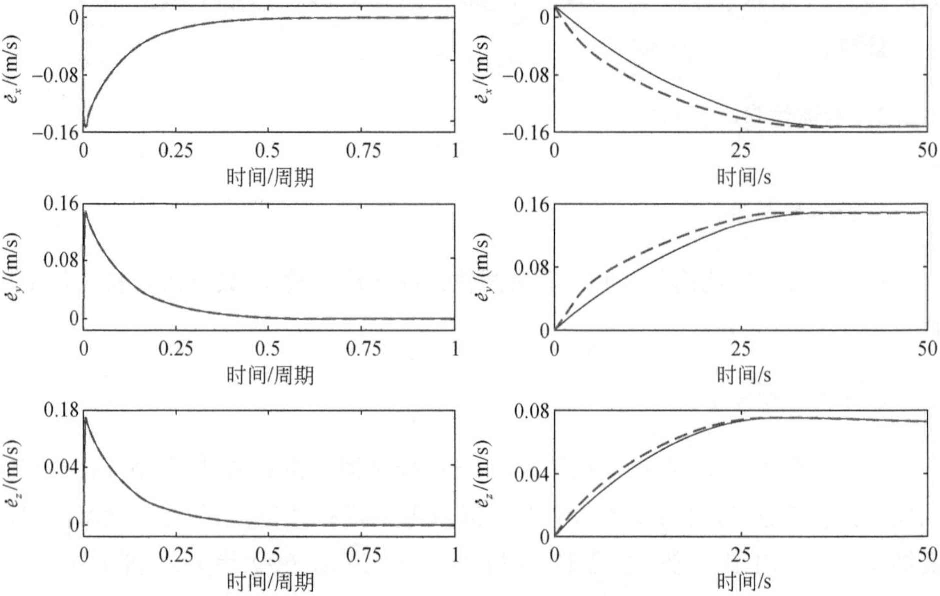

图 3.8　状态反馈与输出反馈 ASOFTSM 控制器相对速度误差轨迹[117]

——状态反馈；– – –输出反馈

可见，由于输出反馈控制器缺失真实相对速度信息反馈，且其速度信息由观测器提供速度估值，所以两类控制器的误差轨迹虽很类似，但不完全相同。观测器估值轨迹和真实轨迹如图 3.9 所示。可见，观测器在有限时间 6s 内即可收敛至真实速度信号，因而保证了输出反馈控制器的可行性。

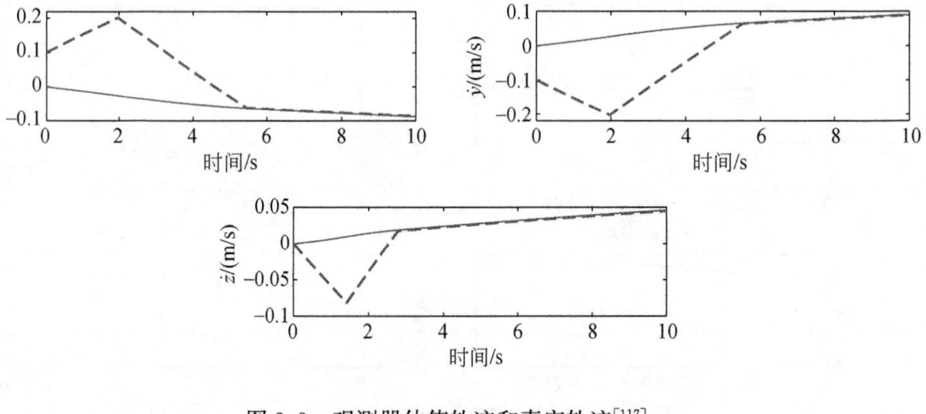

图 3.9　观测器估值轨迹和真实轨迹[117]

——真实值；– – –估计值

图 3.10 给出两类控制器完成 LASFF 编队构形建立任务所需的闭环控制输入轨迹。与状态反馈控制器类似，采用洛伦兹力作为辅助推力，可节省约 84.9%的速度增量消耗。本算例在 J_2摄动和大气阻力摄动以及航天器质量与地磁场不确定性条件下，验证了无速度测量信息时 LASFF 自适应输出反馈控制器的有效性。

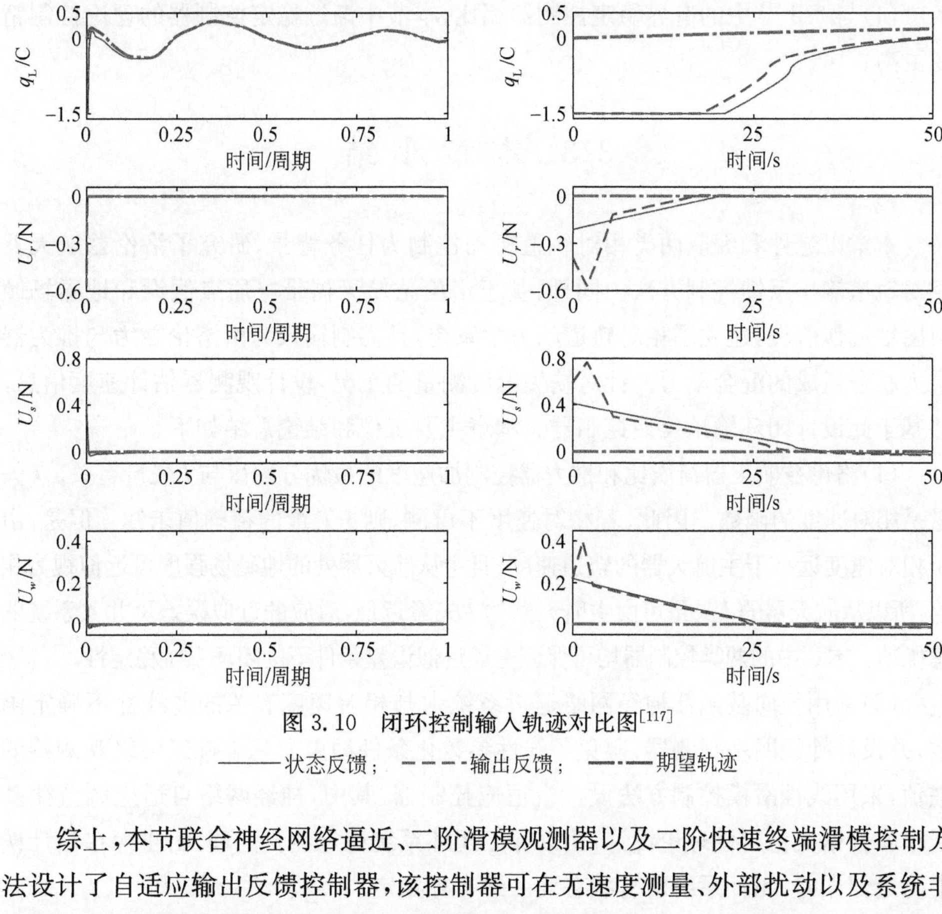

图 3.10　闭环控制输入轨迹对比图[117]

——状态反馈；- - -输出反馈；—·—期望轨迹

综上，本节联合神经网络逼近、二阶滑模观测器以及二阶快速终端滑模控制方法设计了自适应输出反馈控制器，该控制器可在无速度测量、外部扰动以及系统非线性不确定性条件下实现闭环系统的渐近稳定控制。该控制方法中，采用 RBFNN 对系统不确定项进行估计，采用滑模观测器对相对速度信息进行估计，并采用二阶快速终端滑模控制方法保证闭环控制系统的鲁棒性、快速性以及高精度要求。同时，根据李雅普诺夫稳定性理论设计 RBFNN 的自适应调节律及其近似误差上界的自适应律，用以保证闭环系统的渐近稳定性。基于理论分析和数值仿真结果，得出以下结论。

(1)二阶滑模观测器可保证速度估值在有限时间内收敛至真值，进而保证闭环系统稳定性。

(2)通过引入 RBFNN 对非线性不确定项进行估计,可避免系统不确定参数满足线性参数化的要求。

(3)通过引入 RBFNN 近似误差上界的估值自适应律,该控制方法无须事先精确已知近似误差上界,保证闭环系统的渐近稳定性。

(4)与 3.1 节中的有界稳定控制器相比,本节中渐近稳定控制器的理论控制精度更高。

3.3 本章小结

本章以悬停和编队两类相对轨道机动控制为任务背景,研究了洛伦兹航天器相对轨道输出反馈控制方法。同理,基于洛伦兹航天器带电质点假设和地磁场倾斜磁轴近似假设,建立了相对轨道动力学系统,且控制输入为由洛伦兹力与推力器推力联合组成的混合动力。针对缺失速度测量的工况,设计观测器估计速度信息,并基于此设计闭环输出反馈控制器。本章主要工作和结论总结如下。

(1)洛伦兹航天器荷质比和推力器控制加速度的最优分配律与 $\boldsymbol{l}$ 矢量有关。$\boldsymbol{l}$ 矢量是相对速度的函数。因此,若相对速度不可测,则 $\boldsymbol{l}$ 矢量的精确值未知。但是,由于相对速度远小于主航天器的轨道速度,且主从航天器处的地磁场强度可近似视为相等,所以从航天器的 $\boldsymbol{l}$ 矢量可由主航天器的 $\boldsymbol{l}$ 矢量近似,对应的近似误差可并入系统的总扰动。本章中的两类控制器均可保证上述近似误差条件下的闭环系统稳定性。

(2)采用径向基函数神经网络逼近系统中与相对速度有关的非线性不确定函数,并设计神经网络观测器,避免了线性参数化条件约束。基于神经网络观测器的估值,采用线性滑模控制方法设计自适应控制器,其中,神经网络自适应调节律基于李雅普诺夫稳定性理论设计,用以保证闭环系统稳定性。同理,由于存在估计误差与近似误差,闭环系统所有状态均一致有界稳定。

(3)上述控制器只能保证系统状态最终一致有界稳定,即系统误差收敛至零的邻域内,而不是渐近收敛至零。为进一步提高控制精度,基于二阶滑模观测器、神经网络逼近以及二阶 FNTSM 控制器设计自适应输出反馈控制器。其中,二阶滑模观测器可在有限时间内收敛至速度真值,神经网络可对非线性不确定项进行估计,二阶 FNTSM 控制器可满足闭环系统的鲁棒性、快速性等要求。同理,基于李雅普诺夫稳定性理论设计神经网络自适应调节律,用以保证闭环系统稳定性。此外,基于相同方法设计近似误差上界的自适应律,保证了闭环系统状态误差渐近收敛至零,而非有界稳定,因此提高了控制精度。

第4章 洛伦兹航天器姿态控制

第2章与第3章研究了洛伦兹航天器相对轨道控制问题，本章将研究洛伦兹航天器姿态控制问题，提出一种由洛伦兹力矩与地磁力矩联合作用的全驱动姿态控制系统，以及洛伦兹航天器姿轨运动解耦控制策略。

近年来，有研究提出了一类可用于航天器姿态控制的新型电磁驱动力矩，即电磁库仑力矩[72]。该方案中，航天器的三个惯量主轴上各安装一对导体球[72]，主动对球体充电，使其在地磁场中运动时产生洛伦兹力。若球体的质心与航天器质心不重合，则可以产生控制力矩以进行姿态控制，该力矩称为电磁库仑力矩或洛伦兹力矩。然而，根据内在的电磁作用机理，产生的洛伦兹力矩均限制在包含地磁场的瞬时平面内，对应的姿态控制系统为瞬时欠驱动控制系统[72]。因此，采用洛伦兹力矩驱动的主要缺点是系统欠驱动。显然，较之全驱动控制系统，内在的欠驱动问题增加了控制器的设计难度。尽管如此，已有研究采用比例微分和滑模控制方法设计了洛伦兹力矩对地定向姿态稳定控制方案[72-74]。

在低地球轨道，另一类常用的环境力矩为地磁力矩。采用地磁力矩进行姿态控制的主要优点包括节约系统质量和成本、减小能耗以及理论上无限期的工作寿命[23-44]。该姿态控制方式利用一组三轴正交的充电线圈与地磁场作用产生地磁力矩[26]。需要注意的是，该地磁力矩仅作用于与当地磁场垂直的瞬时平面内，因此对应的姿态控制系统也为瞬时欠驱动控制系统[32]。同样，已有研究采用比例微分反馈控制[29]、周期最优控制[24]和鲁棒控制[36]方法设计了地磁力矩姿态控制方案。

可见，当单独采用洛伦兹力矩或地磁力矩时，姿态控制系统均为瞬时欠驱动控制系统。同时，值得注意的是，洛伦兹力矩作用于包含当地磁场的平面内，而地磁力矩作用在与当地磁场垂直的平面内，即洛伦兹力矩与地磁力矩作用在两个互相垂直的平面内。因此，联合两类电磁力矩，可以合成任意方向的控制力矩，从而使得系统为全驱动控制系统。如此便解决了欠驱动问题，并通过混合电磁力矩的方式建立了全驱动姿态控制系统。基于上述事实，本章分析采用混合电磁力矩进行全驱动姿态控制的可行性，并提出相应的全驱动姿态控制器。与已有的洛伦兹力矩或地磁力矩姿态控制方式相比，混合电磁力矩姿态控制方式的主要改进总结如下。

(1)对比由洛伦兹力矩或地磁力矩单独驱动的姿态控制器[23-44,72-74]，该新型混合控制器解决了欠驱动问题，可用于跟踪任意期望姿态。

(2)对比采用地磁力矩与其他传统机械力矩的混合方式[147,148]，该新型混合方式实现了仅采用电磁力矩下的全驱动姿态控制，因而继承了电磁驱动的优势，包括延长系统寿命和改善系统可靠性、降低成本和能耗等。

基于此，4.1节简要介绍航天器姿态动力学、洛伦兹力矩和地磁力矩。由于洛伦兹力矩产生于作用在每个导体球的洛伦兹力，此类洛伦兹航天器的姿轨运动耦合[72]。因此，在采用洛伦兹力矩时，一个主要的问题是残余的洛伦兹力。当进行姿态控制时，期望净洛伦兹力应为零，仅保留洛伦兹力矩，从而形成用于姿态控制的纯力偶。否则，轨道将受到摄动。考虑到零洛伦兹力的约束，4.1节中提出可实现姿轨运动解耦的充电策略以及两类电磁力矩的最优分配律。此外，为解决外部扰动以及模型近似误差等，4.2节中设计自适应滑模控制器以进行闭环姿态跟踪。

4.1 洛伦兹航天器姿态控制原理

洛伦兹航天器姿态动力学建模与特性分析是姿态控制系统设计的基础。第2章与第3章在分析洛伦兹航天器轨道运动时，均基于带电质点假设设计控制方法。但是，在进行洛伦兹航天器姿态控制设计时，该带电质点假设不再成立。同时，由于洛伦兹航天器的姿轨运动具有强耦合性的特点，所以在单独进行洛伦兹航天器姿态机动时，必须合理设计充电策略以保证姿轨控制解耦。基于上述分析，提出以下研究内容。

(1)以三轴正交构形洛伦兹航天器为研究对象，建立洛伦兹力矩与地磁力矩混合驱动下的洛伦兹航天器姿态动力学模型。

(2)设计洛伦兹航天器各导体球的充电策略，使得洛伦兹合力为零且仅保留洛伦兹力矩，进而实现姿轨运动的解耦控制。

(3)求解洛伦兹力矩与地磁力矩的最优分配律以及对应的最优控制输入。

4.1.1 姿态动力学模型

如图4.1所示，$O_EX_IY_IZ_I$为ECI坐标系，其中，O_E为地心。O为航天器质心，且$Oxyz$为LVLH坐标系，其中，x轴沿航天器地心矢量负径向，z轴沿航天器轨道面负法向，与y轴构成右手笛卡儿坐标系。$Ox_by_bz_b$为航天器体(body fixed，BF)坐标系，三轴分别与航天器惯量主轴重合。航天器三轴上安装相互垂直的磁感线圈用以产生地磁力矩。O_i为第i个导体球的质心。六个导体球分别安装在三根相互垂直的刚性连杆的两端用以产生洛伦兹力矩。$\boldsymbol{R}$ 为航天器地心距矢量，且 $\boldsymbol{R}_i$ 为第 i 个导体球的地心距矢量。因此，$\boldsymbol{r}_i=\boldsymbol{R}_i-\boldsymbol{R}=[x_i \quad y_i \quad z_i]^{\mathrm{T}}$ 为 O_i 在 BF 坐标系中的位置矢量。$\boldsymbol{V}_{\mathrm{r}i}$ 为第 i 个导体球相对于当地磁场 $\boldsymbol{B}_i$ 的飞行速度。基于此，作用于第 i 个导体球的洛伦兹力可表述为 $\bar{\boldsymbol{F}}_i=Q_i\boldsymbol{V}_{\mathrm{r}i}\times\boldsymbol{B}_i$，其中，$Q_i$ 为第 i 个导体球的净带电量。本章中，对于任意矢量 $\boldsymbol{a}$，符号 $\boldsymbol{a}^{\mathrm{L}}$ 表示 $\boldsymbol{a}$ 在 LVLH 坐标系中的表述，其中，上标 L 表示 LVLH 坐标系。需要注意的是，若无上标指定坐标系，则矢量 $\boldsymbol{a}$ 描述于 BF 坐标系。

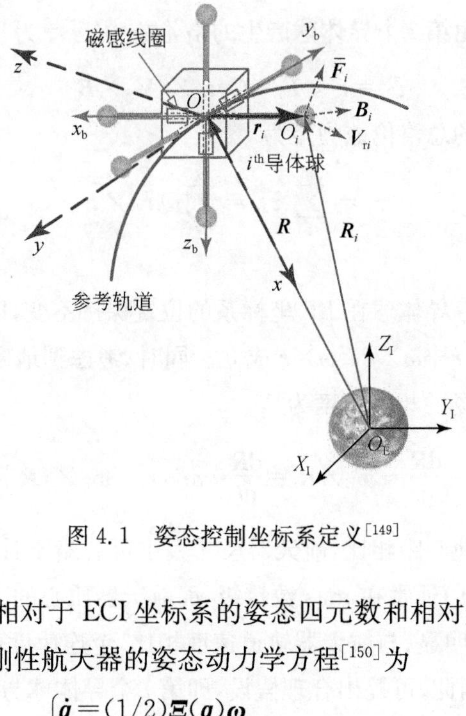

图 4.1　姿态控制坐标系定义[149]

定义 BF 坐标系相对于 ECI 坐标系的姿态四元数和相对角速度分别为 $\boldsymbol{q}\in\mathbf{R}^4$ 和 $\boldsymbol{\omega}\in\mathbf{R}^3$。基于此，刚性航天器的姿态动力学方程[150]为

$$\begin{cases}\dot{\boldsymbol{q}}=(1/2)\boldsymbol{\Xi}(\boldsymbol{q})\boldsymbol{\omega}\\ \boldsymbol{J}\dot{\boldsymbol{\omega}}=-\boldsymbol{\omega}^{\times}\boldsymbol{J}\boldsymbol{\omega}+\boldsymbol{\tau}_{\mathrm{g}}+\bar{\boldsymbol{\tau}}_1+\boldsymbol{\tau}_2+\boldsymbol{\tau}_{\mathrm{d}}\end{cases} \tag{4.1}$$

式中，

$$\boldsymbol{\Xi}(\boldsymbol{q})=\begin{bmatrix}q_4\boldsymbol{I}_{3\times3}+\bar{\boldsymbol{q}}^{\times}\\ -\bar{\boldsymbol{q}}^{\mathrm{T}}\end{bmatrix} \tag{4.2}$$

式中，$\boldsymbol{q}=[\bar{\boldsymbol{q}}^{\mathrm{T}} \quad q_4]^{\mathrm{T}}$ 为姿态四元数，其中，$\bar{\boldsymbol{q}}=[q_1 \quad q_2 \quad q_3]^{\mathrm{T}}$ 和 q_4 分别为矢部和标部。$\boldsymbol{J}\in\mathbf{R}^{3\times3}$ 为航天器惯量矩阵。$\boldsymbol{\tau}_{\mathrm{g}}\in\mathbf{R}^3$ 为航天器受到的重力梯度矩，其具体表达式为 $\boldsymbol{\tau}_{\mathrm{g}}=\dfrac{3\mu\boldsymbol{R}\times(\boldsymbol{J}\boldsymbol{R})}{\|\boldsymbol{R}\|^5}$[72]，其中，$\mu$ 为地球引力常数。$\bar{\boldsymbol{\tau}}_1\in\mathbf{R}^3$ 和 $\boldsymbol{\tau}_2\in\mathbf{R}^3$ 分别表示

洛伦兹力矩和地磁力矩。$\boldsymbol{\tau}_{\mathrm{d}} \in \mathbf{R}^3$ 为有界扰动力矩。$\boldsymbol{I}_{3\times3}$ 为 3×3 的单位矩阵。对于矢量 $\boldsymbol{a}=[a_x \quad a_y \quad a_z]^{\mathrm{T}}$，$\boldsymbol{a}^{\times}$ 表示叉乘矩阵，即

$$\boldsymbol{a}^{\times}=\begin{bmatrix} 0 & -a_z & a_y \\ a_z & 0 & -a_x \\ -a_y & a_x & 0 \end{bmatrix} \tag{4.3}$$

4.1.2 洛伦兹力矩

如图 4.1 所示，由第 i 个导体球产生的洛伦兹力矩[72]为

$$\bar{\boldsymbol{\tau}}_{1i}=\boldsymbol{r}_i \times \bar{\boldsymbol{F}}_i=Q_i \boldsymbol{r}_i \times (\boldsymbol{V}_{\mathrm{r}i} \times \boldsymbol{B}_i) \tag{4.4}$$

因此，作用于航天器的总洛伦兹力矩为

$$\bar{\boldsymbol{\tau}}_1=\sum_{i=1}^{6} \bar{\boldsymbol{\tau}}_{1i}=\sum_{i=1}^{6} Q_i \boldsymbol{r}_i \times \boldsymbol{l}_i \tag{4.5}$$

式中，$\boldsymbol{l}_i=\boldsymbol{V}_{\mathrm{r}i} \times \boldsymbol{B}_i$。

需要注意的是，各导体球在 BF 坐标系的位置保持不变，即 $\dot{\boldsymbol{r}}=\boldsymbol{0}$。因此，在 BF 坐标系中，有 $\mathrm{d}\boldsymbol{r}/\mathrm{d}t=\dot{\boldsymbol{r}}+\boldsymbol{\omega}\times\boldsymbol{r}=\boldsymbol{\omega}\times\boldsymbol{r}$ 成立。同时，考虑到地磁场随地球自转，则第 i 个导体球与当地磁场的相对速度为

$$\boldsymbol{V}_{\mathrm{r}i}=\frac{\mathrm{d}\boldsymbol{R}_i}{\mathrm{d}t}-\boldsymbol{\omega}_{\mathrm{E}} \times \boldsymbol{R}_i=\frac{\mathrm{d}\boldsymbol{R}}{\mathrm{d}t}+\boldsymbol{\omega}\times\boldsymbol{r}_i-\boldsymbol{\omega}_{\mathrm{E}} \times (\boldsymbol{R}+\boldsymbol{r}_i) \tag{4.6}$$

此外，与航天器地心距相比，航天器尺寸大小可忽略不计，即 $\|\boldsymbol{r}_i\| \ll \|\boldsymbol{R}_i\|$。同时，牵连速度($\boldsymbol{\omega}\times\boldsymbol{r}_i$)通常在 m/s 数量级，而航天器质心的飞行速度($\mathrm{d}\boldsymbol{R}/\mathrm{d}t$)通常在 km/s 数量级。很明显，与航天器轨道速度相比，牵连速度可忽略不计，即 $\|\boldsymbol{\omega}\times\boldsymbol{r}_i\| \ll \|\mathrm{d}\boldsymbol{R}/\mathrm{d}t\|$。因此，可提出合理假设，即第 i 个导体球与当地磁场的相对速度可由航天器质心的相对速度近似[112]，即

$$\boldsymbol{V}_{\mathrm{r}i} \approx \boldsymbol{V}_{\mathrm{r}}=\frac{\mathrm{d}\boldsymbol{R}}{\mathrm{d}t}-\boldsymbol{\omega}_{\mathrm{E}} \times \boldsymbol{R} \tag{4.7}$$

其在 LVLH 坐标系中的表述为

$$\boldsymbol{V}_{\mathrm{r}}^{\mathrm{L}}=\dot{\boldsymbol{R}}^{\mathrm{L}}+\boldsymbol{\omega}_{\mathrm{O}}^{\mathrm{L}} \times \boldsymbol{R}^{\mathrm{L}}=[-\dot{R} \quad R(\dot{u}_{\mathrm{r}}-\omega_{\mathrm{E}}\cos i_{\mathrm{r}}) \quad -R\omega_{\mathrm{E}}\sin i_{\mathrm{r}}\cos u_{\mathrm{r}}]^{\mathrm{T}} \tag{4.8}$$

式中，$\boldsymbol{\omega}_{\mathrm{O}}$ 为 LVLH 坐标系相对于 ECI 坐标系的角速度，其在 LVLH 坐标系中的表述为 $\boldsymbol{\omega}_{\mathrm{O}}^{\mathrm{L}}=[0 \quad 0 \quad -\dot{u}_{\mathrm{r}}]^{\mathrm{T}}$，其中，$\dot{u}_{\mathrm{r}}$ 为 LVLH 坐标系的轨道角速度。此外，i_{r} 和 u_{r} 分别为航天器轨道倾角和纬度幅角。可通过从 LVLH 坐标系到 BF 坐标系的

坐标转换，得到 $\boldsymbol{V}_{\mathrm{r}}$ 在 BF 坐标系中的表述。

此外，考虑航天器的尺寸大小，第 i 个导体球质心处的当地磁场可由航天器质心处的当地磁场 $\boldsymbol{B}$ 近似，即 $\boldsymbol{B}_i \approx \boldsymbol{B}$。对于典型 LEO，若相对距离在 10km 范围内，则地磁场大小的相对误差小于 0.5%，且地磁场方向的相对误差小于 0.3°[113]。因此，考虑到通常航天器的大小仅在几米或几十米数量级，由近似假设 $\boldsymbol{B}_i \approx \boldsymbol{B}$ 引起的相对误差显然可忽略不计。

由式(4.8)和 $\boldsymbol{B}_i \approx \boldsymbol{B}$ 可得，总洛伦兹力矩可近似为

$$\bar{\boldsymbol{\tau}}_1 \approx \boldsymbol{\tau}_1 = \sum_{i=1}^{6} \boldsymbol{\tau}_{1i} = \sum_{i=1}^{6} Q_i \boldsymbol{r}_i \times (\boldsymbol{V}_{\mathrm{r}} \times \boldsymbol{B}) = \sum_{i=1}^{6} Q_i \boldsymbol{r}_i \times \boldsymbol{l} \tag{4.9}$$

因此，$\bar{\boldsymbol{\tau}}_1$ 的近似误差可表述为 $\Delta\boldsymbol{\tau}_1 = \bar{\boldsymbol{\tau}}_1 - \boldsymbol{\tau}_1$。

同时，作用于航天器的总洛伦兹力可近似为

$$\begin{aligned} \bar{\boldsymbol{F}} &= \sum_{i=1}^{6} \bar{\boldsymbol{F}}_i = \sum_{i=1}^{6} Q_i \boldsymbol{l}_i \\ &\approx \boldsymbol{F} = \sum_{i=1}^{6} Q_i \boldsymbol{l} \end{aligned} \tag{4.10}$$

可见，当对球体充电产生的洛伦兹力矩进行姿态控制时，也会对应产生洛伦兹力，继而引起轨道摄动。因此，当仅进行姿态控制时，期望对应产生的洛伦兹力为零，以实现姿轨控制的解耦，即 $\boldsymbol{\tau}_1 \neq \boldsymbol{0}$ 且 $\boldsymbol{F} = \boldsymbol{0}$。如此，便不会影响参考轨道原有的轨道运动。由式(4.10)得，为保证整个控制过程中 $\boldsymbol{F} = \boldsymbol{0}$，需满足

$$\sum_{i=1}^{6} Q_i = 0 \tag{4.11}$$

本章中，选取式(4.11)的一种可行解为

$$\begin{cases} Q_1 = -Q_2 = Q_x/2 \\ Q_3 = -Q_4 = Q_y/2 \\ Q_5 = -Q_6 = Q_z/2 \end{cases} \tag{4.12}$$

因此，若六个导体球的安装位置设计为

$$\begin{cases} \boldsymbol{r}_1 = -\boldsymbol{r}_2 = \boldsymbol{r}_x \boldsymbol{x}^0 \\ \boldsymbol{r}_3 = -\boldsymbol{r}_4 = \boldsymbol{r}_y \boldsymbol{y}^0 \\ \boldsymbol{r}_5 = -\boldsymbol{r}_6 = r_z \boldsymbol{z}^0 \end{cases} \tag{4.13}$$

则产生的总洛伦兹力矩 $\boldsymbol{\tau}_1$ 可化简为

$$\boldsymbol{\tau}_1 = \sum_j Q_j \boldsymbol{r}_j \times \boldsymbol{l} = \boldsymbol{m}_1 \times \boldsymbol{l}, \quad j = x, y, z \tag{4.14}$$

式中，$\boldsymbol{m}_1 = Q_x r_x \boldsymbol{x}^0 + Q_y r_y \boldsymbol{y}^0 + Q_z r_z \boldsymbol{z}^0 \in \mathbf{R}^3$，上标 0 表示该方向的单位矢量。基于

此，定义 $\boldsymbol{\Lambda}=\mathrm{diag}(r_x,r_y,r_z)\in\mathbf{R}^{3\times3}$ 和 $\boldsymbol{Q}=[Q_x\quad Q_y\quad Q_z]^{\mathrm{T}}\in\mathbf{R}^3$，可得 $\boldsymbol{m}_1=\boldsymbol{\Lambda}\boldsymbol{Q}$，且球体所需的净充电量为

$$\boldsymbol{Q}=\boldsymbol{\Lambda}^{-1}\boldsymbol{m}_1 \tag{4.15}$$

注 4.1 上述分析结果对应近似方程($\boldsymbol{F}=\boldsymbol{0}$)，并非真实方程($\bar{\boldsymbol{F}}=\boldsymbol{0}$)。因此，仍将残余洛伦兹力。然而，如前所述，$\boldsymbol{l}$ 近似 $\boldsymbol{l}_i$ 的精度高，相应地，$\boldsymbol{F}$ 对 $\bar{\boldsymbol{F}}$ 的近似精度也高。因此，实际上残余的洛伦兹力非常小，对参考轨道几乎没有摄动作用。该结论将在 4.2.4 节数值仿真中得到验证。

4.1.3 地磁力矩

利用安装在惯量主轴上的三个磁感线圈产生地磁力矩[35]，即

$$\boldsymbol{\tau}_2=\boldsymbol{m}_2\times\boldsymbol{B} \tag{4.16}$$

式中，$\boldsymbol{m}_2=[m_{2x}\quad m_{2y}\quad m_{2z}]^{\mathrm{T}}\in\mathbf{R}^3$ 为线圈的磁矩。

4.1.4 洛伦兹力矩与地磁力矩最优分配律设计

定义姿态跟踪所需的总控制力矩为 $\boldsymbol{\tau}\in\mathbf{R}^3$。给定任意方向的 $\boldsymbol{\tau}$，本小节将其分解为洛伦兹力矩和地磁力矩($\boldsymbol{\tau}=\boldsymbol{\tau}_1+\boldsymbol{\tau}_2$)，并求解对应的控制输入($\boldsymbol{Q}$ 和 $\boldsymbol{m}_2$)。

如图 4.2 所示，定义 $\theta=\langle\boldsymbol{V}_{\mathrm{r}},\boldsymbol{B}\rangle$ 为矢量 $\boldsymbol{V}_{\mathrm{r}}$ 和 $\boldsymbol{B}$ 的夹角，其中，$\langle\boldsymbol{a},\boldsymbol{b}\rangle$ 表示矢量 $\boldsymbol{a}$ 和 $\boldsymbol{b}$ 的夹角。假设 $\boldsymbol{l}=\boldsymbol{V}_{\mathrm{r}}\times\boldsymbol{B}\neq\boldsymbol{0}$，即 $\sin\theta\neq0$、$\boldsymbol{V}_{\mathrm{r}}\neq\boldsymbol{0}$ 且 $\boldsymbol{B}\neq\boldsymbol{0}$。考虑到 $\theta\neq0$，定义包含矢量 $\boldsymbol{V}_{\mathrm{r}}$ 和 $\boldsymbol{B}$ 的平面为 S。显然，矢量 $\boldsymbol{l}$ 垂直于平面 S。因此，一方面，任意方向的控制力矩 $\boldsymbol{\tau}$ 可分解为两个分量，即一个在平面 S 内的分量以及另一个垂直于平面 S 的分量。另一方面，根据洛伦兹力矩产生机理，$\boldsymbol{\tau}_1=\boldsymbol{m}_1\times\boldsymbol{l}$，所产生的洛伦兹力矩一定垂直于 $\boldsymbol{l}$，即被限制在平面 S 内。因此，洛伦兹力矩 $\boldsymbol{\tau}_1$ 可作为平面 S 内的分量。同理，根据地磁力矩的产生机理，即 $\boldsymbol{\tau}_2=\boldsymbol{m}_2\times\boldsymbol{B}$，产生的地磁力矩一定垂直于 $\boldsymbol{B}$。因此，若将 $\boldsymbol{m}_2$ 也设计在平面 S 内，则对应产生的地磁力矩将垂直于平面 S。于是，地磁力矩 $\boldsymbol{\tau}_2$ 可作为垂直于平面 S 的分量。因此，对于任意方向的控制力矩 $\boldsymbol{\tau}$，只要保证 $\boldsymbol{l}\neq\boldsymbol{0}$，则控制力矩可分解为洛伦兹力矩 $\boldsymbol{\tau}_1$ 和地磁力矩 $\boldsymbol{\tau}_2$。基于该结论，推导构成洛伦兹力矩和地磁力矩所需的控制输入 $\boldsymbol{Q}$ 和 $\boldsymbol{m}_2$。

如前所述，$\boldsymbol{l}^0$ 为平面 S 的单位法矢量，则 $\boldsymbol{\tau}_1$ 和 $\boldsymbol{\tau}_2$ 可表示为

$$\begin{cases}\boldsymbol{\tau}_1=\boldsymbol{\tau}-(\boldsymbol{\tau}\cdot\boldsymbol{l}^0)\boldsymbol{l}^0\\ \boldsymbol{\tau}_2=(\boldsymbol{\tau}\cdot\boldsymbol{l}^0)\boldsymbol{l}^0\end{cases} \tag{4.17}$$

由 $\boldsymbol{\tau}_1=\boldsymbol{m}_1\times\boldsymbol{l}$ 得，矢量 $\boldsymbol{m}_1$ 中只有垂直于矢量 $\boldsymbol{l}$ 的分量可产生洛伦兹力矩 $\boldsymbol{\tau}_1$，

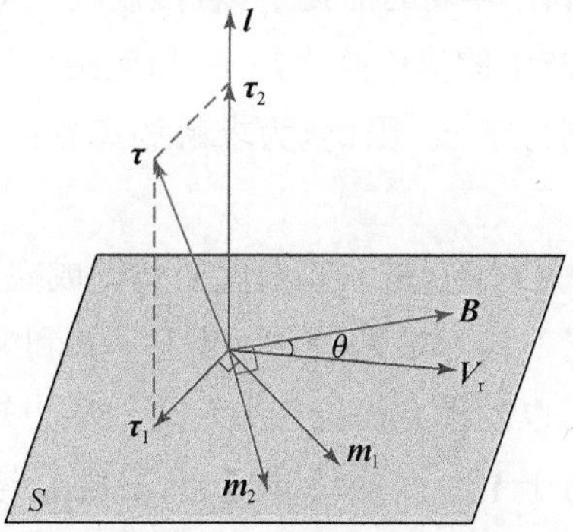

图 4.2　$\boldsymbol{\tau}$ 的分解示意图[149]

剩余平行于矢量 $\boldsymbol{l}$ 的分量对叉乘运算结果无影响。矢量 $\boldsymbol{\tau}_1$ 的模为

$$\|\boldsymbol{\tau}_1\| = \|\boldsymbol{m}_1\| \cdot \|\boldsymbol{l}\| \cdot |\sin\langle \boldsymbol{m}_1, \boldsymbol{l}\rangle| \tag{4.18}$$

考虑最优指标函数 $J_{\mathrm{a}} = \|\boldsymbol{m}_1\|$。显然，当 $\boldsymbol{m}_1$ 垂直于 $\boldsymbol{l}$($\boldsymbol{m}_1 \perp \boldsymbol{l}$ 或 $\langle \boldsymbol{m}_1, \boldsymbol{l}\rangle = \pi/2$)时，$J_{\mathrm{a}}$ 取最小值，即

$$\|\boldsymbol{m}_1\| = \|\boldsymbol{\tau}_1\| \cdot \|\boldsymbol{l}\|^{-1} \tag{4.19}$$

在得到矢量 $\boldsymbol{m}_1$ 的模($\|\boldsymbol{m}_1\|$)后，下一步确定矢量 $\boldsymbol{m}_1$ 的方向($\boldsymbol{m}_1^0$)。因为 $\boldsymbol{l}$ 为平面 S 法向且 $\boldsymbol{m}_1 \perp \boldsymbol{l}$，可得 $\boldsymbol{m}_1$ 必限定在平面 S 内，即 $\boldsymbol{m}_1 /\!/ S$。注意到 $\boldsymbol{m}_1 \perp \boldsymbol{\tau}_1$ 且 $\boldsymbol{m}_1 \perp \boldsymbol{l}$，则 $\boldsymbol{m}_1$ 的方向可确定为

$$\boldsymbol{m}_1^0 = \boldsymbol{l}^0 \times \boldsymbol{\tau}_1^0 \tag{4.20}$$

由式(4.15)、式(4.19)和式(4.20)得，产生洛伦兹力矩所需的充电量为

$$\begin{aligned}\boldsymbol{Q} &= \boldsymbol{\Lambda}^{-1}\boldsymbol{m}_1 = \boldsymbol{\Lambda}^{-1}\|\boldsymbol{m}_1\|\boldsymbol{m}_1^0 \\ &= \boldsymbol{\Lambda}^{-1}\|\boldsymbol{\tau}_1\| \cdot \|\boldsymbol{l}\|^{-1}(\boldsymbol{l}^0 \times \boldsymbol{\tau}_1^0)\end{aligned} \tag{4.21}$$

类似地，对于地磁力矩 $\boldsymbol{\tau}_2 = \boldsymbol{m}_2 \times \boldsymbol{B}$，矢量 $\boldsymbol{m}_2$ 中只有垂直于矢量 $\boldsymbol{B}$ 的分量可产生地磁力矩。注意到 $\|\boldsymbol{\tau}_2\| = \|\boldsymbol{m}_2\| \cdot \|\boldsymbol{B}\| \cdot |\sin\langle \boldsymbol{m}_2, \boldsymbol{B}\rangle|$，并考虑最优函数 $J_{\mathrm{b}} = \|\boldsymbol{m}_2\|$，则矢量 $\boldsymbol{m}_2$ 模的最优值为

$$\|\boldsymbol{m}_2\| = \|\boldsymbol{\tau}_2\| \cdot \|\boldsymbol{B}\|^{-1} \tag{4.22}$$

同理，当 $\boldsymbol{m}_2 \perp \boldsymbol{B}$ 或 $\langle \boldsymbol{m}_2, \boldsymbol{B}\rangle = \pi/2$ 时，J_{b} 取最小值。由 $\boldsymbol{m}_2 \perp \boldsymbol{\tau}_2$ 和 $\boldsymbol{m}_2 \perp \boldsymbol{B}$ 得，矢量 $\boldsymbol{m}_2$ 的方向为

$$\boldsymbol{m}_2^0 = \boldsymbol{B}^0 \times \boldsymbol{\tau}_2^0 \tag{4.23}$$

因此，由式(4.22)和式(4.23)得，磁感线圈的磁矩 $\boldsymbol{m}_2$ 可确定为

$$\boldsymbol{m}_2 = \|\boldsymbol{m}_2\|\boldsymbol{m}_2^0 = \|\boldsymbol{\tau}_2\| \cdot \|\boldsymbol{B}\|^{-1}(\boldsymbol{B}^0 \times \boldsymbol{\tau}_2^0) \tag{4.24}$$

至此，可总结出结论：在 $\boldsymbol{l}\neq\boldsymbol{0}$ 的前提下，若控制输入 $\boldsymbol{Q}$ 和 $\boldsymbol{m}_2$ 分别如式(4.21)和式(4.24)所示，则对应产生的洛伦兹力矩 $\boldsymbol{\tau}_1$ 和地磁力矩 $\boldsymbol{\tau}_2$ 如式(4.17)所示，并且可构成任意方向的控制力矩 $\boldsymbol{\tau}$。因此，为求解姿态跟踪所需的控制力矩，4.2 节中将设计闭环控制策略。

注 4.2　需要注意的是，$\boldsymbol{l}\neq\boldsymbol{0}$ 是上述最优分配律成立的前提。考虑到 $\boldsymbol{l}=\boldsymbol{V}_{\mathrm{r}}\times\boldsymbol{B}$，矢量 $\boldsymbol{l}$ 在以下三类情况下成为零矢量：$\boldsymbol{B}=\boldsymbol{0}$、$\boldsymbol{V}_{\mathrm{r}}=\boldsymbol{0}$ 和 $\sin\theta=0$。对于 $\boldsymbol{B}=\boldsymbol{0}$ 的情况，由于没有地磁场存在，也就没有洛伦兹力矩或地磁力矩可产生。因此，$\boldsymbol{B}=\boldsymbol{0}$ 的情况不在讨论范围内。对于 $\boldsymbol{V}_{\mathrm{r}}=\boldsymbol{0}$ 的情况，航天器质心与当地磁场的运动速度相同，该情况对应于运行在理想二体 GEO 的航天器。因此，可得出结论：该分配律不适用于 GEO。此外，当 $\sin\theta=0$($\theta=0$ 或 $\theta=\pi$)时，矢量 $\boldsymbol{V}_{\mathrm{r}}$ 和 $\boldsymbol{B}$ 相互平行。相对速度 $\boldsymbol{V}_{\mathrm{r}}$ 的演化规律由轨道动力学决定，但地磁场 $\boldsymbol{B}$ 的变化遵循地磁学原理。显然，$\boldsymbol{V}_{\mathrm{r}}$ 和 $\boldsymbol{B}$ 动力学属于两类物理原理。因此，即使在轨道上的某些位置可能存在 $\boldsymbol{V}_{\mathrm{r}}$ 与 $\boldsymbol{B}$ 平行的情况，但 $\boldsymbol{V}_{\mathrm{r}}$ 并不会始终与 $\boldsymbol{B}$ 保持平行。实际上，根据数值仿真结果，$\boldsymbol{V}_{\mathrm{r}}$ 几乎不与 $\boldsymbol{B}$ 平行，且在整个轨道周期内均可保证前提 $\boldsymbol{l}\neq\boldsymbol{0}$ 成立。

为验证上述结论，对一系列圆参考轨道进行数值仿真。轨道倾角 i_{r} 为 0°～180°，轨道高度 H_{r} 为 100～600km。定义 $\theta_{\max}$ 和 $\theta_{\min}$ 分别为第一个轨道周期内 $\boldsymbol{V}_{\mathrm{r}}$ 和 $\boldsymbol{B}$ 的最大夹角与最小夹角。仿真结果分别如图 4.3 和图 4.4 所示，$\theta_{\max}$ 或 $\theta_{\min}$ 的单位为(°)。

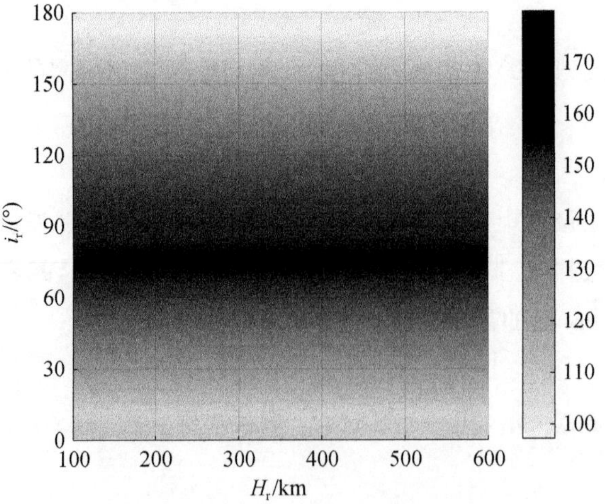

图 4.3　不同轨道高度和倾角下的最大夹角 $\theta_{\max}$[149]

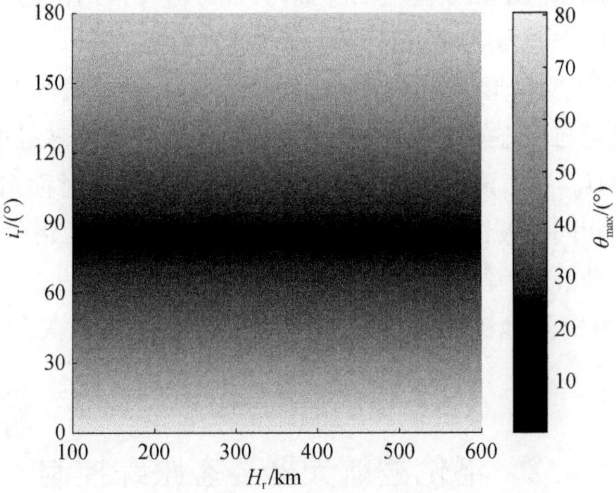

图 4.4　不同轨道高度和倾角下的最小夹角 θ_{min}[149]

需要注意的是，轨道高度主要影响地磁场 $\boldsymbol{B}$ 的大小，对 $\boldsymbol{B}$ 方向的影响很小[113]。同理，对于圆参考轨道，轨道高度主要影响 $\mathbf{V}_r$ 的大小，对 $\mathbf{V}_r$ 方向的影响较小。因此，考虑到 θ_{max} 和 θ_{min} 均由 $\mathbf{V}_r$ 和 $\boldsymbol{B}$ 的方向决定，θ_{max} 和 θ_{min} 对轨道高度的变化不敏感，该结论也在图 4.3 和图 4.4 中得到了证明。

可见，除部分轨道倾角外，θ_{max} 很少达到 180°，且 θ_{min} 很少达到 0°，表明对多数轨道 $\boldsymbol{l}$ 始终为非零向量。因此，为保证整个轨道周期内 $\boldsymbol{l}$ 为非零向量，应避免此类轨道倾角，本算例中大约为 75°和 83°。实际上，一旦给定参考轨道和初始时刻，即可事先预测整个参考轨道上 θ 的变化轨迹。因此，在实施控制器设计前，很容易检验前提 $\boldsymbol{l}\neq\mathbf{0}$ 是否成立。基于上述分析，通过选择合适的轨道倾角，多数轨道可满足该前提条件。

综上，本节以三轴正交构形洛伦兹航天器为研究对象，建立了其姿态动力学模型，其中，混合电磁力矩输入为洛伦兹力矩与地磁力矩。洛伦兹力矩由导体球与地磁场作用产生，且地磁力矩由磁感线圈与地磁场作用产生。为保证姿态机动时原轨道运动不受影响，设计了可实现姿轨运动解耦的充电策略。基于此，考虑到洛伦兹力矩与地磁力矩可合成任意方向的力矩，进一步提出该充电策略下洛伦兹力矩与地磁力矩的最优分配律。基于理论分析，得出以下结论。

(1)根据洛伦兹力矩与地磁力矩的产生机理，洛伦兹力矩作用于包含当地磁场的平面内，而地磁力矩作用在与当地磁场垂直的平面内，即在每个瞬时，洛伦兹力矩与地磁力矩作用在两个相互垂直的平面内。因此,可采用洛伦兹力矩与地磁力矩合成任意方向的空间力矩,形成全驱动姿态控制系统。

(2)对于三轴正交构形洛伦兹航天器,各导体球处的地磁场近似相等,且各导体球的相对速度也与质心的相对速度近似相等,因而各导体球处的 $\boldsymbol{l}$ 矢量可由质心处的 $\boldsymbol{l}$ 矢量近似。基于该近似假设,通过对每对导体球反对称充电的方式,即每对导体球带电量相同但极性相反,可使得净洛伦兹力为零,而洛伦兹力矩不为零,从而实现姿轨运动解耦控制。

(3)洛伦兹力矩与地磁力矩的最优分配律可保证输入矢量 $\boldsymbol{m}_1$ 和 $\boldsymbol{m}_2$ 的模最小。

4.2 洛伦兹航天器姿态跟踪控制

在洛伦兹力矩与地磁力矩联合驱动下,洛伦兹航天器姿态动力学系统为全驱动控制系统,因此可跟踪任意期望姿态。此外,当实际在轨运行时,存在各类摄动力矩,如大气阻力矩等。因此,为实现在磁场近似相等假设、相对速度近似相等假设以及摄动力矩作用下的姿态跟踪,需设计闭环控制器。基于上述分析,提出以下研究内容。

(1)由于各类近似误差以及外部扰动上界未知且很难确定,设计总扰动上界自适应估计律以实现总扰动上界未知条件下的姿态跟踪控制。

(2)基于总扰动上界估计自适应律,设计自适应滑模控制器,以实现扰动条件下的闭环系统渐近稳定控制。

4.2.1 姿态误差动力学模型

定义期望 BF 坐标系的姿态四元数和角速度分别为 $\boldsymbol{q}_\mathrm{d}=[\bar{\boldsymbol{q}}_\mathrm{d}^\mathrm{T}\quad q_{\mathrm{d}4}]^\mathrm{T}\in\mathbf{R}^4$ 和 $\boldsymbol{\omega}_\mathrm{d}\in\mathbf{R}^3$。基于此,误差四元数 $\boldsymbol{q}_\mathrm{e}=[\bar{\boldsymbol{q}}_\mathrm{e}^\mathrm{T}\quad q_{\mathrm{e}4}]^\mathrm{T}\in\mathbf{R}^4$ 和误差角速度 $\boldsymbol{\omega}_\mathrm{e}\in\mathbf{R}^3$ 可求解为

$$\begin{cases}\boldsymbol{q}_\mathrm{e}=\boldsymbol{q}_\mathrm{d}^{-1}\circ\boldsymbol{q}\\ \boldsymbol{\omega}_\mathrm{e}=\boldsymbol{\omega}-\boldsymbol{A}(\boldsymbol{q}_\mathrm{e})\boldsymbol{\omega}_\mathrm{d}^\mathrm{d}\end{cases}\tag{4.25}$$

式中,$\boldsymbol{q}_\mathrm{d}^{-1}=[-\bar{\boldsymbol{q}}_\mathrm{d}^\mathrm{T}\quad q_{\mathrm{d}4}]^\mathrm{T}$ 为四元数$\boldsymbol{q}_\mathrm{d}$ 的逆,符号$\circ$表示四元数相乘。$\boldsymbol{A}(\boldsymbol{q}_\mathrm{e})\in\boldsymbol{R}^{3\times3}$ 的表达式为 $\boldsymbol{A}(\boldsymbol{q}_\mathrm{e})=(q_{\mathrm{e}4}^2-\bar{\boldsymbol{q}}_\mathrm{e}^\mathrm{T}\bar{\boldsymbol{q}}_\mathrm{e})\boldsymbol{I}_{3\times3}+2\bar{\boldsymbol{q}}_\mathrm{e}\bar{\boldsymbol{q}}_\mathrm{e}^\mathrm{T}-2q_{\mathrm{e}4}\bar{\boldsymbol{q}}_\mathrm{e}^\times$[150],表示从期望 BF 坐标系到实际 BF 坐标系的姿态转换矩阵。上标 d 表示$\boldsymbol{\omega}_\mathrm{d}^\mathrm{d}$ 表述于期望 BF 坐标系。

注意到 $\dot{\boldsymbol{A}}(\boldsymbol{q}_\mathrm{e})=-\boldsymbol{\omega}_\mathrm{e}^\times\boldsymbol{A}(\boldsymbol{q}_\mathrm{e})$,则 $\boldsymbol{q}_\mathrm{e}$ 和 $\boldsymbol{\omega}_\mathrm{e}$ 的动力学方程为

$$\begin{cases}\dot{\boldsymbol{q}}_{\mathrm{e}}=(1/2)\boldsymbol{\Xi}(\boldsymbol{q}_{\mathrm{e}})\boldsymbol{\omega}_{\mathrm{e}}\\ \boldsymbol{J}\dot{\boldsymbol{\omega}}_{\mathrm{e}}=\boldsymbol{f}+\boldsymbol{\tau}_{\mathrm{g}}+\boldsymbol{\tau}+\boldsymbol{d}\end{cases} \tag{4.26}$$

式中，

$$\boldsymbol{f}=-[\boldsymbol{\omega}_{\mathrm{e}}+\boldsymbol{A}(\boldsymbol{q}_{\mathrm{e}})\boldsymbol{\omega}_{\mathrm{d}}^{\mathrm{d}}]^{\times}\boldsymbol{J}[\boldsymbol{\omega}_{\mathrm{e}}+\boldsymbol{A}(\boldsymbol{q}_{\mathrm{e}})\boldsymbol{\omega}_{\mathrm{d}}^{\mathrm{d}}]+\boldsymbol{J}[\boldsymbol{\omega}_{\mathrm{e}}^{\times}\boldsymbol{A}(\boldsymbol{q}_{\mathrm{e}})\boldsymbol{\omega}_{\mathrm{d}}^{\mathrm{d}}-\boldsymbol{A}(\boldsymbol{q}_{\mathrm{e}})\dot{\boldsymbol{\omega}}_{\mathrm{d}}^{\mathrm{d}}] \tag{4.27}$$

式(4.26)中，$\boldsymbol{\tau}=\boldsymbol{\tau}_1+\boldsymbol{\tau}_2\in\mathbf{R}^3$ 为由洛伦兹力矩和地磁力矩构成的总控制力矩。由近似误差 $\Delta\boldsymbol{\tau}_1$ 和外部扰动 $\boldsymbol{\tau}_{\mathrm{d}}$ 构成的总摄动矢量为 $\boldsymbol{d}=\Delta\boldsymbol{\tau}_1+\tau_{\mathrm{d}}\in\mathbf{R}^3$，其上界为 $\|\boldsymbol{d}\|\leqslant d_{\mathrm{m}}$。需要注意的是，上界 $d_{\mathrm{m}}>0$ 未知。

因此，控制目标可总结为消除与期望姿态的初始误差，并在有界近似误差和外部扰动的条件下跟踪期望姿态，其中，总扰动上界未知。

4.2.2　控制器设计

采用自适应滑模控制方法设计闭环控制器。定义滑模面为

$$\boldsymbol{s}=[s_x\quad s_y\quad s_z]^{\mathrm{T}}=\boldsymbol{\omega}_{\mathrm{e}}+\boldsymbol{c}\bar{\boldsymbol{q}}_{\mathrm{e}} \tag{4.28}$$

式中，$\boldsymbol{c}=\mathrm{diag}(c_x,c_y,c_z)$ 为正定矩阵，其元素 $c_j>0(j=x,y,z)$。由式(4.28)，对 $\boldsymbol{s}$ 求时间导数得

$$\begin{aligned}\dot{\boldsymbol{s}}&=\dot{\boldsymbol{\omega}}_{\mathrm{e}}+\boldsymbol{c}\dot{\bar{\boldsymbol{q}}}_{\mathrm{e}}\\&=\boldsymbol{J}^{-1}(\boldsymbol{f}+\boldsymbol{\tau}_{\mathrm{g}}+\boldsymbol{\tau}+\boldsymbol{d})+\boldsymbol{c}(q_{\mathrm{e}4}\boldsymbol{I}_{3\times3}+\bar{\boldsymbol{q}}_{\mathrm{e}}^{\times})\boldsymbol{\omega}_{\mathrm{e}}/2\end{aligned} \tag{4.29}$$

由 $\dot{\boldsymbol{s}}=\boldsymbol{0}$ 可推得等效控制 $\boldsymbol{\tau}_{\mathrm{eq}}$ 为

$$\boldsymbol{\tau}_{\mathrm{eq}}=-\boldsymbol{f}-\boldsymbol{\tau}_{\mathrm{g}}-\boldsymbol{J}\boldsymbol{c}(q_{\mathrm{e}4}\boldsymbol{I}_{3\times3}+\bar{\boldsymbol{q}}_{\mathrm{e}}^{\times})\boldsymbol{\omega}_{\mathrm{e}}/2 \tag{4.30}$$

为保证滑模面的可达性，设计趋近律或切换控制 $\boldsymbol{\tau}_{\mathrm{s}}$ 为

$$\boldsymbol{\tau}_{\mathrm{s}}=-\boldsymbol{k}_1\boldsymbol{s}-\boldsymbol{k}_2\,\mathrm{sgn}(\boldsymbol{s}) \tag{4.31}$$

式中，$\boldsymbol{k}_i=\mathrm{diag}(k_{ix},k_{iy},k_{iz})(i=1,2)$ 也为正定矩阵。

需要注意的是，总摄动的上界(d_{m})未知。因此，本小节提出自适应律来估计 d_{m}，即

$$\dot{\hat{d}}_{\mathrm{m}}=\gamma^{-1}\sum_j|\boldsymbol{s}_j|,\quad j=x,y,z \tag{4.32}$$

式中，$\hat{d}_{\mathrm{m}}$ 为 d_{m} 的估值，因而估计误差为 $\tilde{d}_{\mathrm{m}}=d_{\mathrm{m}}-\hat{d}_{\mathrm{m}}$。$\gamma>0$ 为正设计参数。

对应地，控制律中增加一项自适应项 $\boldsymbol{\tau}_{\mathrm{a}}$，即

$$\boldsymbol{\tau}_{\mathrm{a}}=-\hat{d}_{\mathrm{m}}\mathrm{sgn}(\boldsymbol{s}) \tag{4.33}$$

由式(4.30)、式(4.31)和式(4.33)得，控制律为

$$\boldsymbol{\tau}=\boldsymbol{\tau}_{\mathrm{eq}}+\boldsymbol{\tau}_{\mathrm{s}}+\boldsymbol{\tau}_{\mathrm{a}} \tag{4.34}$$

基于此，自适应闭环控制系统框图如图 4.5 所示。

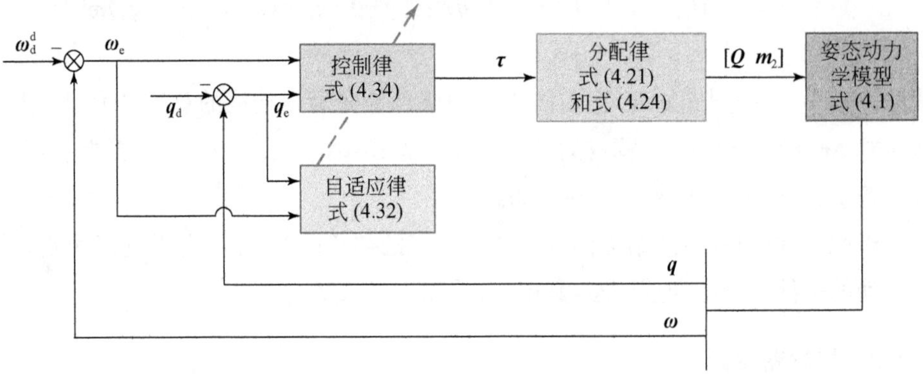

图 4.5 自适应闭环控制系统框图

4.2.3 稳定性分析

闭环系统稳定性分析总结于如下定理。

定理 4.1 考虑满足 $\boldsymbol{l}\neq\boldsymbol{0}$ 的参考轨道。对于由洛伦兹力矩和地磁力矩控制的姿态动力学模型式(4.1)，若滑模面设计为式(4.28)，参数自适应律设计为式(4.32)，控制律设计为式(4.34)，且混合控制输入的分配律设计为式(4.21)和式(4.24)，则闭环系统渐近稳定。

证明 考虑李雅普诺夫函数 $V_1=(\boldsymbol{s}^{\mathrm{T}}\boldsymbol{J}\boldsymbol{s}+\gamma\tilde{d}_{\mathrm{m}}^2)/2>0(\forall\boldsymbol{s}\neq\boldsymbol{0})$。注意到 $\dot{\tilde{d}}=-\dot{\hat{d}}_{\mathrm{m}}$，则对 V_1 沿系统轨迹求时间导数得

$$\begin{aligned}\dot{V}_1&=\boldsymbol{s}^{\mathrm{T}}\boldsymbol{J}\dot{\boldsymbol{s}}+\gamma\tilde{d}_{\mathrm{m}}\dot{\tilde{d}}_{\mathrm{m}}\\&=\boldsymbol{s}^{\mathrm{T}}(\boldsymbol{f}+\boldsymbol{\tau}_{\mathrm{g}}+\boldsymbol{\tau}+\boldsymbol{d}+\boldsymbol{J}\boldsymbol{c}\dot{\bar{\boldsymbol{q}}}_{\mathrm{e}})-\gamma\tilde{d}_{\mathrm{m}}\dot{\hat{d}}_{\mathrm{m}}\end{aligned} \tag{4.35}$$

将控制律式(4.34)和自适应律式(4.32)代入式(4.35)中，得

$$\begin{aligned}\dot{V}_1&=\boldsymbol{s}^{\mathrm{T}}[\boldsymbol{d}-\boldsymbol{k}_1\boldsymbol{s}-\boldsymbol{k}_2\operatorname{sgn}(\boldsymbol{s})-\hat{d}_{\mathrm{m}}\operatorname{sgn}(\boldsymbol{s})]-\tilde{d}_{\mathrm{m}}\sum_j|\boldsymbol{s}_j|\\&\leqslant d_{\mathrm{m}}\sum_j|\boldsymbol{s}_j|-\boldsymbol{s}^{\mathrm{T}}\boldsymbol{k}_1\boldsymbol{s}-\sum_j k_{2j}|\boldsymbol{s}_j|-(\hat{d}_{\mathrm{m}}+\tilde{d}_{\mathrm{m}})\sum_j|\boldsymbol{s}_j|\\&=-\boldsymbol{s}^{\mathrm{T}}\boldsymbol{k}_1\boldsymbol{s}-\sum_j k_{2j}|\boldsymbol{s}_j|\end{aligned} \tag{4.36}$$

可见，$\dot{V}_1<0(\forall \boldsymbol{s}\neq \boldsymbol{0})$。因此，系统状态将渐近趋近于滑模面 $\boldsymbol{s}=\boldsymbol{0}$。随后，考虑另一李雅普诺夫函数 $V_2=2(1-q_{e4})>0(\forall q_{e4}\neq 1)$。同理，根据式(4.26)，对 V_2 求时间导数得

$$\dot{V}_2=-\bar{\boldsymbol{q}}_e^{\mathrm{T}}\boldsymbol{\omega}_e \tag{4.37}$$

需要注意的是，在滑模面上，有 $\boldsymbol{\omega}_e=-\boldsymbol{c}\bar{\boldsymbol{q}}_e$。基于此，$\dot{V}_2$ 化简为

$$\dot{V}_2=-\bar{\boldsymbol{q}}_e^{\mathrm{T}}\boldsymbol{c}\bar{\boldsymbol{q}}_e<0,\quad \forall \bar{\boldsymbol{q}}_e\neq \boldsymbol{0} \tag{4.38}$$

式(4.38)表明，误差四元数的矢量部分$\bar{\boldsymbol{q}}_e$将渐近收敛至零，$\boldsymbol{\omega}_e$ 也是。因此，可得出结论：所有状态跟踪误差将渐近收敛至零，且闭环系统渐近稳定。

证毕。

注 4.3　需要注意的是，本章的主要目的并不是简单地设计姿态控制律 $\boldsymbol{\tau}$。实际上，除了本小节采用的滑模控制设计方法，也可采用其他控制方法来设计姿态控制器，如反步控制[151]、鲁棒控制[36]以及神经网络控制[150]。与已有针对姿态控制器设计的工作不同，本章的主要目的体现在以下四个方面。

(1)将总控制力矩 $\boldsymbol{\tau}$ 分解为相互垂直的洛伦兹力矩 $\boldsymbol{\tau}_1$ 和地磁力矩 $\boldsymbol{\tau}_2$。

(2)求解构成洛伦兹力矩与地磁力矩所需的最优控制输入，即充电量 Q 和线圈磁矩 $\boldsymbol{m}_2$。

(3)更为重要的是，保证姿态控制机动过程中参考轨道不受洛伦兹力 $\bar{\boldsymbol{F}}$ 的摄动。

(4)设计自适应律$\dot{\hat{d}}_m$ 估计总扰动的上界，以及自适应控制项 $\boldsymbol{\tau}_a$ 以抵偿由对当地磁场以及相对速度近似导致的近似误差。

4.2.4　数值仿真与分析

假设航天器运行于低轨圆轨道，初始时刻其参考轨道根数如表 4.1 所示。假设初始时刻为 1 Jan 2012 12:00:00 UTCG，初始时刻的地磁场可参考国际标准参考地磁场(international geomagnetic reference field，IGRF)[152]。

表 4.1　初始时刻参考轨道根数[149]

轨道根数	数值
长半轴/km	6778.137
偏心率	0

续表

轨道根数	数值
轨道倾角/(°)	97.03
升交点赤经/(°)	0
纬度幅角/(°)	90

期望的姿态为跟踪 LVLH 坐标系的姿态。根据表 4.1 中的轨道根数，可对应地求解得到初始时刻 LVLH 坐标系相对于 ECI 坐标系的姿态四元数为$\boldsymbol{q}_{\mathrm{d}}(0)=[-0.468\quad 0.468\quad 0.530\quad 0.530]^{\mathrm{T}}$。$\boldsymbol{\omega}_{\mathrm{d}}^{\mathrm{d}}(t)=\boldsymbol{\omega}_{\mathrm{O}}^{\mathrm{L}}(t)=[0\quad 0\quad -\dot{u}_{\mathrm{r}}]^{\mathrm{T}}$ 为 LVLH 坐标系的常值角速度，其中，$\dot{u}_{\mathrm{r}}=\sqrt{\mu/R^3}$ 为参考轨道平均角速度。由初值 $\boldsymbol{q}_{\mathrm{d}}(0)$和$\boldsymbol{\omega}_{\mathrm{d}}^{\mathrm{d}}(t)$，可通过对微分方程$\dot{\boldsymbol{q}}_{\mathrm{d}}=\boldsymbol{\Xi}(\boldsymbol{q}_{\mathrm{d}})\boldsymbol{\omega}_{\mathrm{d}}^{\mathrm{d}}$ 积分得到任意时刻的期望姿态四元数 $\boldsymbol{q}_{\mathrm{d}}(t)$。

初始俯仰角误差为$-30°$，滚转角误差为 $10°$，且偏航角误差为 $20°$，对应的初始时刻误差四元数为 $\boldsymbol{q}_{\mathrm{e}}(0)=[0.189\quad 0.038\quad -0.268\quad 0.944]^{\mathrm{T}}$。因此，初始时刻 BF 坐标系的实际姿态四元数为 $\boldsymbol{q}(0)=\boldsymbol{q}_{\mathrm{d}}(0)\circ\boldsymbol{q}_{\mathrm{e}}(0)$。此外，初始时刻的角速度假设为 $\boldsymbol{\omega}(0)=10^{-3}\cdot[-2\quad 1\quad -1]^{\mathrm{T}}\mathrm{rad/s}$。选取 $\boldsymbol{\tau}_{\mathrm{d}}=10^{-7}\cdot[\sin(\dot{u}_{\mathrm{r}}t)\quad \cos(2\dot{u}_{\mathrm{r}}t)\quad \sin(\dot{u}_{\mathrm{r}}t/2)]^{\mathrm{T}}\mathrm{N}\cdot\mathrm{m}$ 为外部扰动。姿态控制仿真参数如表 4.2 所示，其中，$j=x,y,z$。

表 4.2 姿态控制仿真参数[149]

类别	参数
控制器	$c_j=0.05, k_{1j}=0.3, k_{2j}=10^{-7}, \gamma=10^8, \hat{d}_{\mathrm{m}}(0)=0$
航天器	$\boldsymbol{J}=\mathrm{diag}(120,110,100)\mathrm{kg}\cdot\mathrm{m}^2, \boldsymbol{\Lambda}=\mathrm{diag}(10,10,10)\mathrm{m}$

图 4.6 给出该算例中使用的地磁场轨迹，图 4.7 和图 4.8 分别给出姿态四元数误差和角速度误差轨迹。可见，大约 $0.4T$ 后初始误差基本消除，其中，T 表示参考轨道周期。随后，BF 坐标系开始跟踪期望姿态。图 4.9 给出 BF 坐标系在 ECI 坐标系中的三轴姿态。类似地，大约 $0.4T$ 后 BF 坐标系几乎与 LVLH 坐标系重合，其中，x_{b} 轴沿负径向，y_{b} 轴沿迹向，且 z_{b} 轴沿轨道面负法向。终端三轴指向精度在 $10^{-3}°\sim10^{-4}°$数量级，这验证了由洛伦兹力矩和地磁力矩驱动的姿态控制器的有效性与正确性。

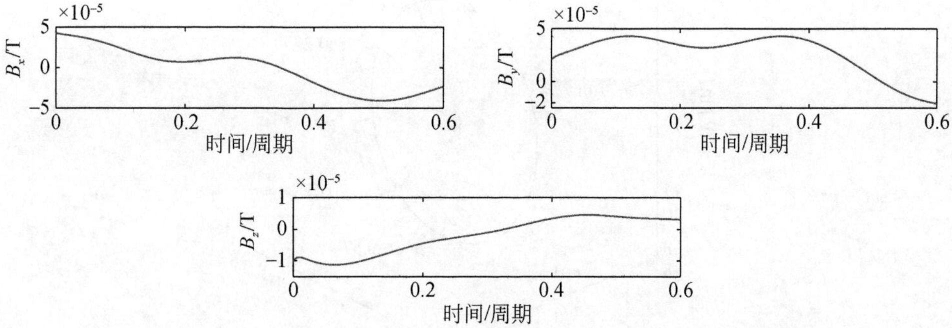

图 4.6　地磁场轨迹

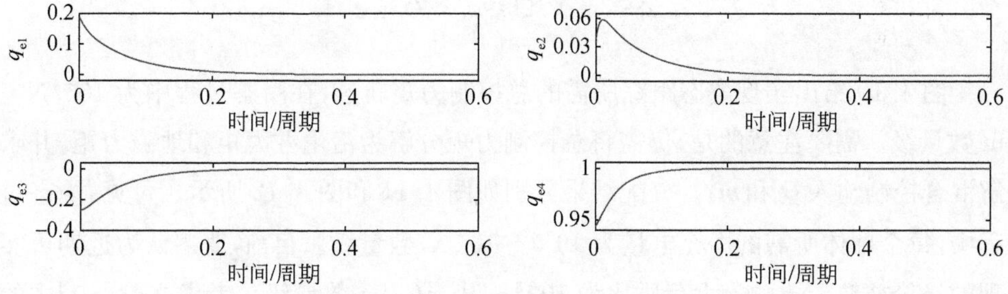

图 4.7　姿态四元数误差轨迹

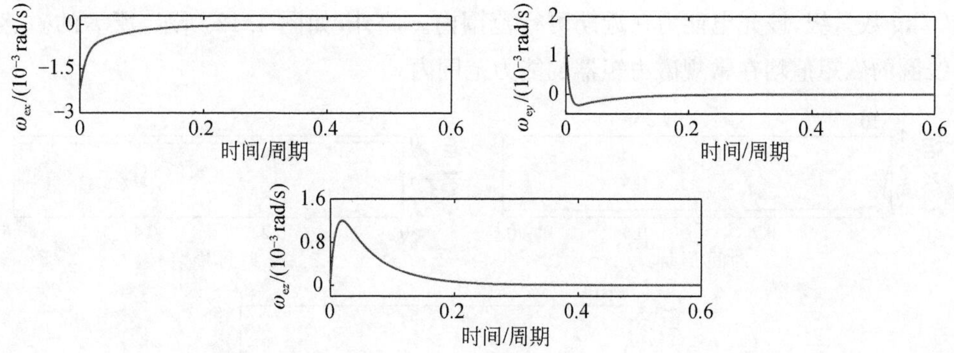

图 4.8　角速度误差轨迹

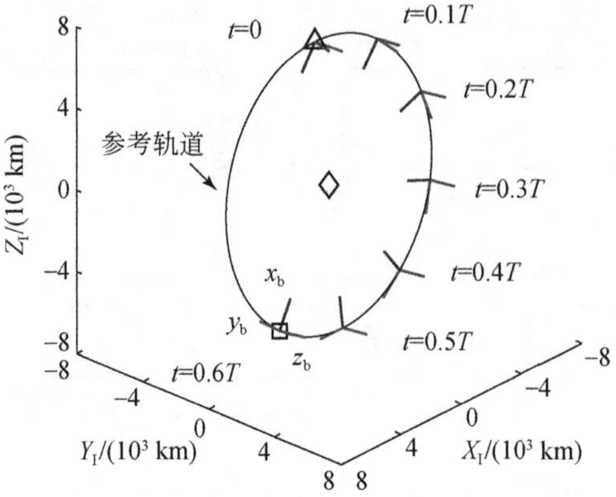

图 4.9 ECI 坐标系中的 BF 坐标系三轴姿态

△ 起点； □ 终点； ◇ 地心

图 4.10 给出实现姿态跟踪所需的总控制力矩轨迹，在瞬态过程中为 10^{-3}N·m 数量级。需要注意的是，仍需将总控制力矩分解为洛伦兹力矩和地磁力矩，并求解混合控制输入 $\boldsymbol{Q}$ 和 $\boldsymbol{m}_2$。分配结果分别如图 4.11 和图 4.12 所示。可见，瞬态过程中，每个球体所需的净充电量为 $10^{-4}\sim10^{-3}$C 数量级。目前，普遍认为近期可实现的洛伦兹航天器的最大荷质比为 $10^{-3}\sim10^{-2}$C/kg 数量级。考虑文献[50]中的洛伦兹航天器总体设计方案，洛伦兹航天器质量为 10^2kg 数量级。因此，若每个导体球均可视为一个洛伦兹航天器，则该算例中对应所需的充电能力为 $10^{-6}\sim10^{-5}$C/kg 数量级，该充电能力在近期可行范围内。此外，如图 4.12 所示，所需的磁感线圈的磁矩值均在常规磁力矩器的能力范围内。

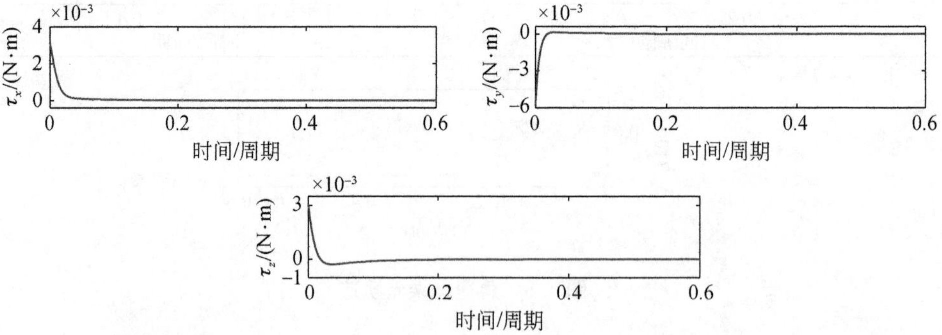

图 4.10 总控制力矩轨迹

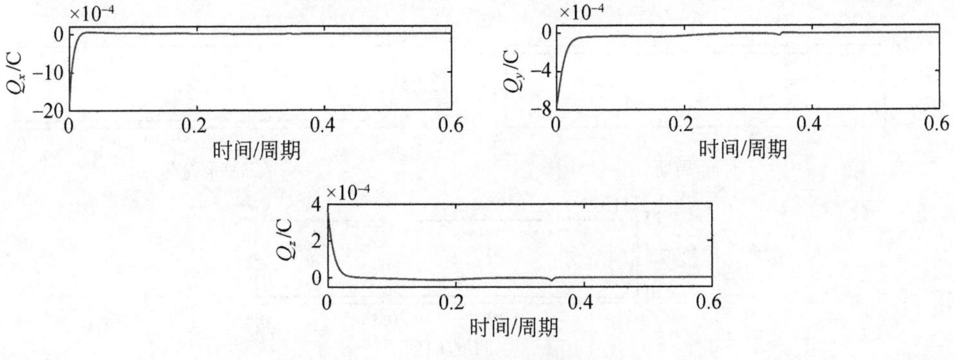

图 4.11　充电量轨迹

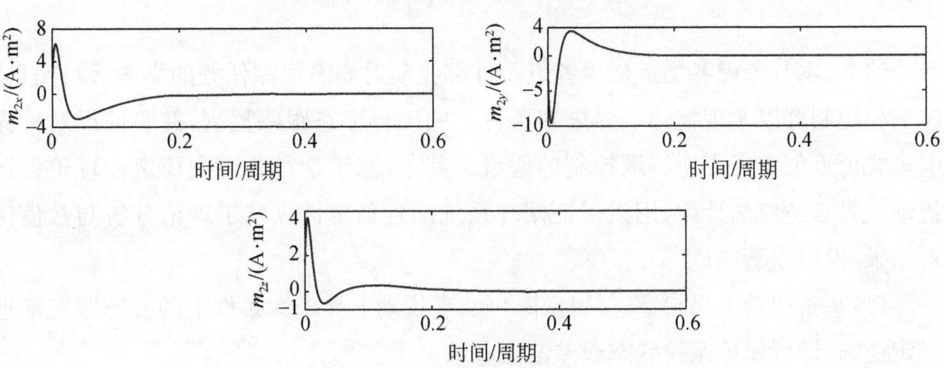

图 4.12　磁感线圈磁矩轨迹

图 4.13 给出总摄动上界估值轨迹。同理，估值大约于 0.4T 后收敛至稳定值。图 4.14 给出作用于航天器的残余洛伦兹力轨迹。可见，整个姿态控制过程中，最大洛伦兹力仅为 10^{-9}N 数量级。若航天器质量为 10^2kg 数量级，则对应的洛伦兹加速度仅为 10^{-11} m/s^2 数量级。显然，与重力加速度相比，残余洛伦兹加速度可忽略不计。因此，可以忽略残余洛伦兹力对参考轨道的摄动作用，证明注 4.1 中的结论。

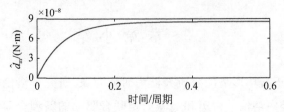

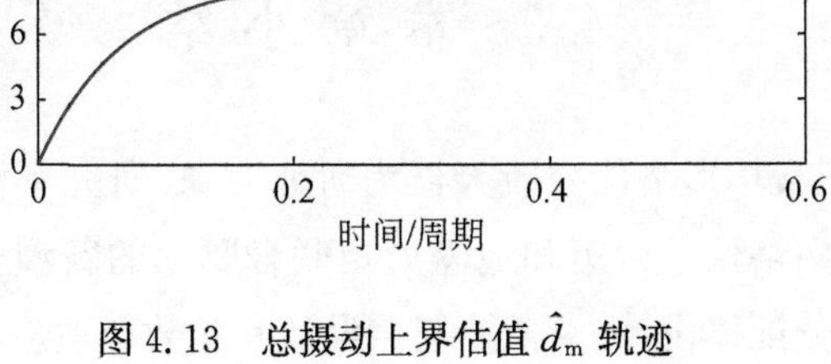

图 4.13　总摄动上界估值 $\hat{d}_m$ 轨迹

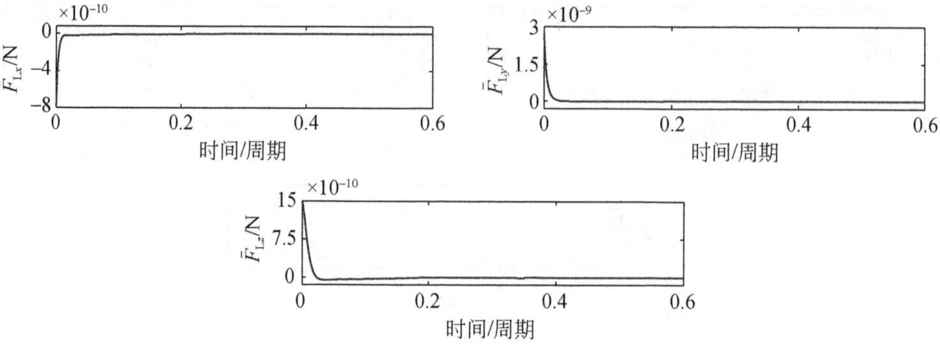

图 4.14　残余洛伦兹力$\bar{\boldsymbol{F}}_L$ 轨迹

综上，本节考虑各类近似误差以及外部扰动对姿态跟踪任务的影响，设计自适应滑模控制器以实现扰动上界未知条件下的闭环姿态跟踪控制，并验证反对称充电模式可近似实现姿轨解耦控制的假设。其中，基于李雅普诺夫稳定性理论设计扰动上界自适应估计律，用以保证闭环系统渐近稳定性。基于理论分析与数值仿真结果，得出以下结论。

(1)基于扰动上界自适应估计律，可实现扰动上界未知条件下的姿态跟踪渐近稳定控制，即可保证系统状态误差渐近收敛至零。

(2)采用反对称充电模式，残余洛伦兹力近乎为零，对原轨道的摄动作用很弱，因此近似实现了洛伦兹航天器姿轨解耦控制，即在单独进行姿态机动时，可保证原轨道运动不受影响。

(3)单独采用洛伦兹力矩或地磁力矩进行驱动的对地定向姿态稳定控制器往往具有抖振频率高、响应速度慢的缺点。改用洛伦兹力矩与地磁力矩联合驱动，可明显减弱抖振，并且改善系统响应速度。此外，采用混合电磁力矩，姿态控制系统变为全驱动控制系统，可实现欠驱动控制条件下不可完成的任意姿态跟踪控制任务。

4.3　本章小结

本章以三轴正交构形洛伦兹航天器为研究对象，研究了洛伦兹航天器姿态控制方法，提出一类由洛伦兹力矩和地磁力矩联合驱动的新型全驱动航天器姿态控制方案，包括最优分配律设计、滑模控制律设计和参数自适应律设计。本章主要工作与结论总结如下。

1)洛伦兹航天器姿轨运动解耦充电策略

(1)对于三轴正交构形洛伦兹航天器,各导体球距航天器质心的安装距离相等。考虑到实际航天器的大小,各导体球处的地磁场可由航天器质心处的地磁场近似。此外,由于航天器的转动速度远小于其轨道运动速度,各导体球与当地磁场的相对速度也可由航天器质心与当地磁场的相对速度近似。因此,各导体球处的 $\boldsymbol{l}$ 矢量可由质心处的 $\boldsymbol{l}$ 矢量近似。基于上述近似假设,若采用反对称充电模式,即每对导体球的带电量相同但极性相反,则对应产生的洛伦兹合力为零,而洛伦兹合力矩不为零,进而实现了姿轨运动的解耦,可单独进行姿态控制。

(2)在实际环境中,上述近似假设条件下的残余洛伦兹力也几乎为零,对原航天器轨道运动影响很弱,可忽略不计。

(3)若采用对称充电模式,即每对导体球的带电量相同且极性相同,则对应产生的洛伦兹合力矩为零,而洛伦兹合力不为零,同样实现了姿轨运动的解耦,可单独进行轨道控制。综上,采用反对称充电模式,可进行姿态控制;采用对称充电模式,可进行轨道控制。

2)洛伦兹航天器姿态控制

(1)在每个瞬时,洛伦兹力矩均作用于包含地磁场矢量的平面内。相反,地磁力矩作用于当地磁场的垂直平面内。由于作用方向的局限性,单独由洛伦兹力矩或地磁力矩驱动的姿态动力学系统均为欠驱动控制系统。但是,由于洛伦兹力矩与地磁力矩恰好作用于相互垂直的平面,所以可采用洛伦兹力矩与地磁力矩合成任意方向的力矩,且由洛伦兹力矩与地磁力矩联合驱动的姿态动力学系统为全驱动控制系统。同时,由于洛伦兹力矩与地磁力矩均属于电磁力矩,所以与传统机械力矩相比,该电磁力矩混合控制方案具有改善系统寿命和可靠性、降低成本和能耗、无羽流污染的优势。

(2)实际控制中,很难精确确定地磁场近似误差、相对速度近似误差以及各类摄动力矩的上界。在总扰动上界未知的条件下,设计扰动上界自适应估计律以及对应的自适应控制项,基于此设计闭环系统自适应滑模控制律。将总控制力矩分解为洛伦兹力矩与地磁力矩,并按最优分配律确定实际控制输入,即充电量与线圈磁矩。仿真结果表明,该混合电磁力矩控制方案可在扰动上界未知的条件下实现任意期望姿态的跟踪控制。

(3)由于洛伦兹力矩与地磁力矩的欠驱动特性,现有洛伦兹力矩或地磁力矩单独驱动的姿态控制方法仅能完成对地定向姿态稳定控制任务。由于作用方向的局限性，单独采用任意一种力矩均无法实现任意期望姿态跟踪控制。同时，单独采用洛伦兹力矩或地磁力矩的姿态控制器的切换频率过高且抖振明显，因而物理实现困难。相反，将两类电磁力矩联合，可实现全驱动任意期望姿态跟踪控制，并且可显著削弱上述抖振现象，易于物理实现。

第5章　洛伦兹航天器姿轨一体化动力学与控制

继洛伦兹航天器姿轨控制研究后，本章将以航天器编队飞行（spacecraft formation flying, SFF）为任务背景，针对洛伦兹航天器姿轨运动的强耦合性特点，研究洛伦兹航天器姿轨一体化控制方法。

现有研究多针对三自由度的洛伦兹航天器轨道控制或姿态控制。一方面，实际的SFF任务，如干涉测量等，除了要求主从航天器姿态保持一致外，也需要主从航天器之间保持期望的几何编队构形，即存在姿轨控制的要求。另一方面，根据洛伦兹力与洛伦兹力矩的产生机理，洛伦兹航天器自身的姿轨运动也具有强耦合性的特点。因此，有必要研究洛伦兹航天器姿轨一体化控制方法。

如前所述，对于三自由度的轨道控制，提出了一种由洛伦兹力与推力器推力联合驱动的全驱动轨道控制系统，且控制输入为航天器净带电量与推力器推力；对于三自由度的姿态控制，提出了一种由洛伦兹力矩与地磁力矩联合驱动的全驱动姿态控制系统，且控制输入为各导体球带电量与线圈磁矩。可见，若以各导体球带电量、推力器推力以及线圈磁矩为混合控制输入，则可实现洛伦兹航天器六自由度姿轨一体化控制。

基于此，5.1节简要介绍四元数和对偶四元数，并建立对偶四元数描述的六自由度洛伦兹航天器姿轨一体化运动学和动力学模型。为实现六自由度姿轨一体化控制，5.2节基于滑模控制方法设计闭环控制器，并解析推导混合控制输入的最优配比关系，即洛伦兹航天器姿轨运动耦合控制策略。

5.1　姿轨一体化动力学建模

姿轨一体化动力学模型是洛伦兹航天器姿轨一体化控制研究的基础。因此，本节以对偶四元数的运动学与动力学方程来表征航天器相对姿轨耦合运动。

5.1.1 数学基础

1. 四元数

四元数 $\boldsymbol{q}$ 定义为 $\boldsymbol{q}=[\bar{\boldsymbol{q}}^{\mathrm{T}} \quad q_4]^{\mathrm{T}}\in\mathbf{R}^4$，其中，$\bar{\boldsymbol{q}}=[q_1 \quad q_2 \quad q_3]^{\mathrm{T}}\in\mathbf{R}^3$ 为四元数的矢部，q_4 为四元数的标部。四元数的共轭定义为 $\boldsymbol{q}^*=[-\bar{\boldsymbol{q}}^{\mathrm{T}} \quad q_4]^{\mathrm{T}}\in\mathbf{R}^4$。定义四元数 $\mathbf{1}=[0 \quad 0 \quad 0 \quad 1]^{\mathrm{T}}$ 和 $\mathbf{0}=[0 \quad 0 \quad 0 \quad 0]^{\mathrm{T}}$。四元数的乘法定义[153]为

$$\boldsymbol{a}\circ\boldsymbol{b}=\begin{bmatrix} a_4\bar{\boldsymbol{b}}+b_4\bar{\boldsymbol{a}}+\bar{\boldsymbol{a}}\times\bar{\boldsymbol{b}} \\ a_4b_4-\bar{\boldsymbol{a}}\cdot\bar{\boldsymbol{b}} \end{bmatrix} \tag{5.1}$$

四元数的叉乘定义[153]为

$$\boldsymbol{a}\times\boldsymbol{b}=\frac{1}{2}(\boldsymbol{a}\circ\boldsymbol{b}-\boldsymbol{b}^*\circ\boldsymbol{a}^*)=\begin{bmatrix} a_4\bar{\boldsymbol{b}}+b_4\bar{\boldsymbol{a}}+\bar{\boldsymbol{a}}\times\bar{\boldsymbol{b}} \\ 0 \end{bmatrix} \tag{5.2}$$

2. 对偶四元数

对偶四元数 $\hat{\boldsymbol{q}}$ 定义为 $\hat{\boldsymbol{q}}=\boldsymbol{q}_{\mathrm{r}}+\epsilon\,\boldsymbol{q}_{\mathrm{d}}$，其中，$\boldsymbol{q}_{\mathrm{r}}\in\mathbf{R}^4$ 和 $\boldsymbol{q}_{\mathrm{d}}\in\mathbf{R}^4$ 分别为对偶四元数的实部和对偶部。ϵ 为对偶单元，满足 $\epsilon_2=0$ 和 $\epsilon\neq0$。对偶四元数 $\hat{\boldsymbol{q}}$ 的共轭定义为 $\hat{\boldsymbol{q}}^*=\boldsymbol{q}_{\mathrm{r}}^*+\epsilon\boldsymbol{q}_{\mathrm{d}}^*$。定义 $\hat{\mathbf{1}}=\mathbf{1}+\epsilon\,\mathbf{0}$ 和 $\hat{\mathbf{0}}=\mathbf{0}+\epsilon\,\mathbf{0}$。本章使用的对偶四元数基本运算定义[153]如下：

$$\hat{\boldsymbol{a}}\circ\hat{\boldsymbol{b}}=\boldsymbol{a}_{\mathrm{r}}\circ\boldsymbol{b}_{\mathrm{r}}+\epsilon(\boldsymbol{a}_{\mathrm{d}}\circ\boldsymbol{b}_{\mathrm{r}}+\boldsymbol{a}_{\mathrm{r}}\circ\boldsymbol{b}_{\mathrm{d}}) \tag{5.3}$$

$$\hat{\boldsymbol{a}}\times\hat{\boldsymbol{b}}=(\hat{\boldsymbol{a}}\circ\hat{\boldsymbol{b}}-\hat{\boldsymbol{b}}^*\circ\hat{\boldsymbol{a}}^*)/2 \tag{5.4}$$

$$\begin{aligned}\boldsymbol{P}\star\hat{\boldsymbol{a}}&=\begin{bmatrix}\boldsymbol{P}_1 & \boldsymbol{P}_2\\ \boldsymbol{P}_3 & \boldsymbol{P}_4\end{bmatrix}\begin{bmatrix}\boldsymbol{a}_{\mathrm{r}}\\ \boldsymbol{a}_{\mathrm{d}}\end{bmatrix}\\ &=(\boldsymbol{P}_1\,\boldsymbol{a}_{\mathrm{r}}+\boldsymbol{P}_2\,\boldsymbol{a}_{\mathrm{d}})+\epsilon(\boldsymbol{P}_3\,\boldsymbol{a}_{\mathrm{r}}+\boldsymbol{P}_4\,\boldsymbol{a}_{\mathrm{d}})\end{aligned} \tag{5.5}$$

式中，$\hat{\boldsymbol{c}}=[\hat{\boldsymbol{a}}_1^{\mathrm{T}} \quad \hat{\boldsymbol{a}}_2^{\mathrm{T}} \quad \cdots \quad \hat{\boldsymbol{a}}_N^{\mathrm{T}}]^{\mathrm{T}}$。运算符 $\circ$ 和 $\times$ 分别表示对偶四元数乘法和叉乘。运算符 $\star$ 表示矩阵与对偶四元数的乘法，其中，$\boldsymbol{P}\in\mathbf{R}^{8\times8}$ 和 $\boldsymbol{P}_i\in\mathbf{R}^{4\times4}$ $(i=1,2,3,4)$ 均为矩阵。$\boldsymbol{Q}\in\mathbf{R}^{8N\times8N}$ 和 $\boldsymbol{Q}_{ij}\in\mathbf{R}^{8\times8}$ $(i=1,2,\cdots,N$ 且 $j=1,2,\cdots,N)$ 均为方阵。

5.1.2　六自由度相对运动建模

1. 运动学与动力学模型

如图 5.1 所示，$O_E X_I Y_I Z_I$ 为 ECI 坐标系，其中，O_E 为地心。O_C 为主航天器质心，且 $O_C xyz$ 为 LVLH 坐标系，其中，x 轴沿主航天器径向，z 轴垂直于主航天器轨道平面，y 轴构成右手笛卡儿坐标系。O_D 为从航天器质心，且 $O_D x_b y_b z_b$ 为其体坐标系，该体坐标系各轴沿惯量主轴方向。$\bar{\boldsymbol{R}}_C$ 和 $\bar{\boldsymbol{R}}_D$ 分别为主航天器和从航天器的地心距矢量。同时，假设主航天器体坐标系与 LVLH 坐标系重合。

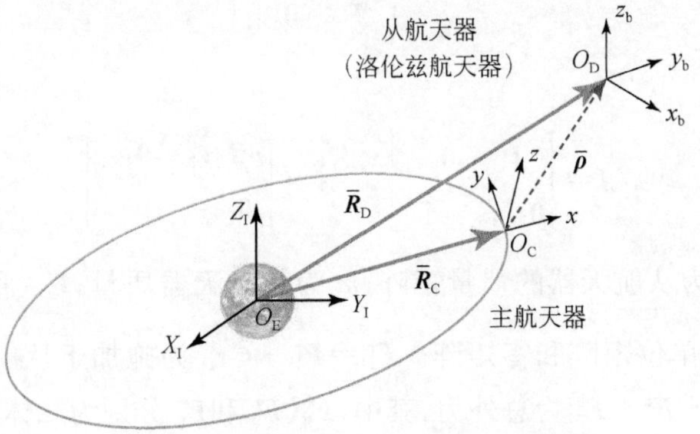

图 5.1　六自由度相对运动坐标系定义

若定义 $\bar{\boldsymbol{\rho}}=\bar{\boldsymbol{R}}_D-\bar{\boldsymbol{R}}_C$ 为主航天器和从航天器间的相对位置矢量，则两航天器间的相对平动和转动可由对偶四元数表述[111,153]为

$$\hat{\boldsymbol{q}}=\boldsymbol{q}+\epsilon(\boldsymbol{q}\circ\boldsymbol{\rho}^b)/2 \tag{5.6}$$

式中，$\boldsymbol{q}$ 为主航天器和从航天器体坐标系间的相对姿态四元数。此外，四元数$\boldsymbol{\rho}^b=[\bar{\boldsymbol{\rho}}^{bT}\quad 0]^T$，上标 b 表示该矢量描述于从航天器体坐标系。

六自由度相对运动的运动学方程[111]为

$$\begin{cases}\dot{\hat{\boldsymbol{q}}}=(\hat{\boldsymbol{q}}\circ\hat{\boldsymbol{\omega}}^b)/2\\ \hat{\boldsymbol{\omega}}^b=\boldsymbol{\omega}^b+\epsilon\boldsymbol{v}^b=\boldsymbol{\omega}^b+\epsilon(\dot{\boldsymbol{\rho}}^b+\boldsymbol{\omega}^b\times\boldsymbol{\rho}^b)\end{cases} \tag{5.7}$$

式中，$\boldsymbol{\omega}^b=[\bar{\boldsymbol{\omega}}^{bT}\quad 0]^T$ 为主航天器和从航天器体坐标系间的相对角速度。

六自由度相对运动的动力学方程[153]为

$$\dot{\hat{\boldsymbol{\omega}}}^{\mathrm{b}}=\boldsymbol{M}^{-1}\star[\hat{\boldsymbol{F}}_{\mathrm{D}}^{\mathrm{b}}-\hat{\boldsymbol{\omega}}_{\mathrm{D}}^{\mathrm{b}}\times(\boldsymbol{M}\star\hat{\boldsymbol{\omega}}_{\mathrm{D}}^{\mathrm{b}})]$$
$$-\hat{\boldsymbol{q}}^{*}\circ\dot{\hat{\boldsymbol{\omega}}}_{\mathrm{C}}^{\mathrm{C}}\circ\hat{\boldsymbol{q}}+\hat{\boldsymbol{\omega}}^{\mathrm{b}}\times(\hat{\boldsymbol{q}}^{*}\circ\hat{\boldsymbol{\omega}}_{\mathrm{C}}^{\mathrm{C}}\circ\hat{\boldsymbol{q}}) \tag{5.8}$$

式中，$\hat{\boldsymbol{\omega}}_{\mathrm{C}}^{\mathrm{C}}=\boldsymbol{\omega}_{\mathrm{C}}^{\mathrm{C}}+\epsilon\,\boldsymbol{v}_{\mathrm{C}}^{\mathrm{C}}=\boldsymbol{\omega}_{\mathrm{C}}^{\mathrm{C}}+\epsilon(\dot{\boldsymbol{R}}_{\mathrm{C}}^{\mathrm{C}}+\boldsymbol{\omega}_{\mathrm{C}}^{\mathrm{C}}\times\boldsymbol{R}_{\mathrm{C}}^{\mathrm{C}})$为主航天器的对偶速度；$\boldsymbol{\omega}_{\mathrm{C}}^{\mathrm{C}}=[\bar{\boldsymbol{\omega}}_{\mathrm{C}}^{\mathrm{CT}}\quad 0]^{\mathrm{T}}$为主航天器体坐标系相对于 ECI 坐标系的角速度。由于主航天器体坐标系与 LVLH 坐标系重合，所以$\bar{\boldsymbol{\omega}}_{\mathrm{C}}^{\mathrm{C}}=[0\quad 0\quad \Omega_{\mathrm{C}}]^{\mathrm{T}}$，其中，$\Omega_{\mathrm{C}}$为其轨道角速度。$\boldsymbol{R}_{\mathrm{C}}^{\mathrm{C}}=[\bar{\boldsymbol{R}}_{\mathrm{C}}^{\mathrm{CT}}\quad 0]^{\mathrm{T}}$，上标 C 表示该变量描述于主航天器体坐标系。从航天器的对偶速度为$\hat{\boldsymbol{\omega}}_{\mathrm{D}}^{\mathrm{b}}=\hat{\boldsymbol{\omega}}_{\mathrm{C}}^{\mathrm{b}}+\hat{\boldsymbol{\omega}}^{\mathrm{b}}$，其中，$\hat{\boldsymbol{\omega}}_{\mathrm{C}}^{\mathrm{b}}=\hat{\boldsymbol{q}}^{*}\circ\hat{\boldsymbol{\omega}}_{\mathrm{C}}^{\mathrm{C}}\circ\hat{\boldsymbol{q}}$。矩阵$\boldsymbol{M}$定义为

$$\boldsymbol{M}=\begin{bmatrix}\boldsymbol{0}_{4\times4} & \boldsymbol{S}\\ \boldsymbol{J} & \boldsymbol{0}_{4\times4}\end{bmatrix} \tag{5.9}$$

式中，

$$\boldsymbol{J}=\begin{bmatrix}\bar{\boldsymbol{J}} & \boldsymbol{0}_{3\times1}\\ \boldsymbol{0}_{1\times3} & 1\end{bmatrix},\quad \boldsymbol{S}=\begin{bmatrix}m\boldsymbol{I}_{3\times3} & \boldsymbol{0}_{3\times1}\\ \boldsymbol{0}_{1\times3} & 1\end{bmatrix} \tag{5.10}$$

式中，$\bar{\boldsymbol{J}}\in\mathbf{R}^{3\times3}$为从航天器的惯量矩阵；$m$为从航天器质量；$\boldsymbol{I}_{a\times b}$和$\boldsymbol{0}_{a\times b}$分别表示维数为$a\times b$的单位矩阵和零矩阵。$\hat{\boldsymbol{F}}_{\mathrm{D}}^{\mathrm{b}}=\boldsymbol{F}_{\mathrm{D}}^{\mathrm{b}}+\epsilon\,\boldsymbol{\tau}_{\mathrm{D}}^{\mathrm{b}}$为施加于从航天器上的总对偶力。$\boldsymbol{F}_{\mathrm{D}}^{\mathrm{b}}=\boldsymbol{F}_{\mathrm{g}}^{\mathrm{b}}+\boldsymbol{F}_{\mathrm{c}}^{\mathrm{b}}+\boldsymbol{F}_{\mathrm{p}}^{\mathrm{b}}$为总外力，其中，$\boldsymbol{F}_{\mathrm{g}}^{\mathrm{b}}$、$\boldsymbol{F}_{\mathrm{c}}^{\mathrm{b}}$和$\boldsymbol{F}_{\mathrm{p}}^{\mathrm{b}}$分别为二体重力、控制力和摄动力。$\boldsymbol{\tau}_{\mathrm{D}}^{\mathrm{b}}=\boldsymbol{\tau}_{\mathrm{g}}^{\mathrm{b}}+\boldsymbol{\tau}_{\mathrm{c}}^{\mathrm{b}}+\boldsymbol{\tau}_{\mathrm{p}}^{\mathrm{b}}$为总外力矩，其中，$\boldsymbol{\tau}_{\mathrm{g}}^{\mathrm{b}}$、$\boldsymbol{\tau}_{\mathrm{c}}^{\mathrm{b}}$和$\boldsymbol{\tau}_{\mathrm{p}}^{\mathrm{b}}$分别为二体重力梯度矩、控制力矩和摄动力矩。二体重力$\boldsymbol{F}_{\mathrm{g}}^{\mathrm{b}}=[\bar{\boldsymbol{F}}_{\mathrm{g}}^{\mathrm{bT}}\quad 0]^{\mathrm{T}}$和重力梯度矩$\boldsymbol{\tau}_{\mathrm{g}}^{\mathrm{b}}=[\bar{\tau}_{\mathrm{g}}^{\mathrm{bT}}\quad 0]^{\mathrm{T}}$[153]分别为

$$\bar{\boldsymbol{F}}_{\mathrm{g}}^{\mathrm{b}}=-m\mu\frac{\bar{\boldsymbol{R}}_{\mathrm{D}}^{\mathrm{b}}}{\|\bar{\boldsymbol{R}}_{\mathrm{D}}^{\mathrm{b}}\|^{3}},\quad \bar{\boldsymbol{\tau}}_{\mathrm{g}}^{\mathrm{b}}=3\mu\frac{\bar{\boldsymbol{R}}_{\mathrm{D}}^{\mathrm{b}}\times(\bar{\boldsymbol{J}}\,\bar{\boldsymbol{R}}_{\mathrm{D}}^{\mathrm{b}})}{\|\bar{\boldsymbol{R}}_{\mathrm{D}}^{\mathrm{b}}\|^{5}} \tag{5.11}$$

式中，μ为地球引力常数。$\boldsymbol{F}_{\mathrm{p}}^{\mathrm{b}}$和$\boldsymbol{\tau}_{\mathrm{p}}^{\mathrm{b}}$的上界分别为$\|\boldsymbol{F}_{\mathrm{p}}^{\mathrm{b}}\|\leqslant F_{\mathrm{pm}}$和$\|\boldsymbol{\tau}_{\mathrm{p}}^{\mathrm{b}}\|\leqslant\tau_{\mathrm{pm}}$。

2. 期望编队构形

定义主从航天器的期望相对位置、相对速度、相对姿态四元数以及相对角速度分别为$\boldsymbol{\rho}_{\mathrm{d}}$、$\dot{\boldsymbol{\rho}}_{\mathrm{d}}$、$\boldsymbol{q}_{\mathrm{d}}$和$\boldsymbol{\omega}_{\mathrm{d}}$。基于此，从航天器的期望相对平动和转动可由对偶四元数表述为

$$\hat{\boldsymbol{q}}_{\mathrm{d}}=\boldsymbol{q}_{\mathrm{d}}+\epsilon(\boldsymbol{q}_{\mathrm{d}}\circ\boldsymbol{\rho}^{\mathrm{d}})/2 \tag{5.12}$$

式中，上标 d 表示期望的姿态坐标系，且$\boldsymbol{\rho}_{\mathrm{d}}^{\mathrm{d}}=\boldsymbol{q}_{\mathrm{d}}^{*}\circ\boldsymbol{\rho}_{\mathrm{d}}^{\mathrm{C}}\circ\boldsymbol{q}_{\mathrm{d}}$。基于此定义，期望运动学

方程为

$$\begin{cases}\dot{\hat{\boldsymbol{q}}}_{\mathrm{d}}=(\hat{\boldsymbol{q}}_{\mathrm{d}}\circ\hat{\boldsymbol{\omega}}_{\mathrm{d}}^{\mathrm{d}})/2\\ \hat{\boldsymbol{\omega}}_{\mathrm{d}}^{\mathrm{d}}=\boldsymbol{\omega}_{\mathrm{d}}^{\mathrm{d}}+\epsilon\boldsymbol{v}_{\mathrm{d}}^{\mathrm{d}}=\boldsymbol{\omega}_{\mathrm{d}}^{\mathrm{d}}+\epsilon(\dot{\boldsymbol{\rho}}_{\mathrm{d}}^{\mathrm{d}}+\boldsymbol{\omega}_{\mathrm{d}}^{\mathrm{d}}\times\boldsymbol{\rho}_{\mathrm{d}}^{\mathrm{d}})\end{cases}\tag{5.13}$$

为进一步简化$\hat{\boldsymbol{\omega}}_{\mathrm{d}}^{\mathrm{d}}$,需要用到以下推导:

$$\mathrm{d}\,\boldsymbol{\rho}_{\mathrm{d}}^{\mathrm{d}}/\mathrm{d}t=\boldsymbol{q}_{\mathrm{d}}^{*}\circ(\mathrm{d}\,\boldsymbol{\rho}_{\mathrm{d}}^{\mathrm{C}}/\mathrm{d}t)\circ\boldsymbol{q}_{\mathrm{d}}\tag{5.14}$$

式中,

$$\mathrm{d}\,\boldsymbol{\rho}_{\mathrm{d}}^{\mathrm{d}}/\mathrm{d}t=\dot{\boldsymbol{\rho}}_{\mathrm{d}}^{\mathrm{d}}+\boldsymbol{\omega}_{\mathrm{Dd}}^{\mathrm{d}}\times\boldsymbol{\rho}_{\mathrm{d}}^{\mathrm{d}},\quad \mathrm{d}\,\boldsymbol{\rho}_{\mathrm{d}}^{\mathrm{C}}/\mathrm{d}t=\dot{\boldsymbol{\rho}}_{\mathrm{d}}^{\mathrm{C}}+\boldsymbol{\omega}_{\mathrm{C}}^{\mathrm{C}}\times\boldsymbol{\rho}_{\mathrm{d}}^{\mathrm{C}}\tag{5.15}$$

式中,$\boldsymbol{\omega}_{\mathrm{Dd}}^{\mathrm{d}}=\boldsymbol{\omega}_{\mathrm{C}}^{\mathrm{d}}+\boldsymbol{\omega}_{\mathrm{d}}^{\mathrm{d}}$ 为从航天器的期望对偶速度。

考虑到$\boldsymbol{\omega}_{\mathrm{d}}^{\mathrm{d}}=\boldsymbol{\omega}_{\mathrm{Dd}}^{\mathrm{d}}-\boldsymbol{q}_{\mathrm{d}}^{*}\circ\boldsymbol{\omega}_{\mathrm{C}}^{\mathrm{C}}\circ\boldsymbol{q}_{\mathrm{d}}$,将式(5.15)代入式(5.14)中进行化简可得$\dot{\boldsymbol{\rho}}_{\mathrm{d}}^{\mathrm{d}}+\boldsymbol{\omega}_{\mathrm{d}}^{\mathrm{d}}\times\boldsymbol{\rho}_{\mathrm{d}}^{\mathrm{d}}=\boldsymbol{q}_{\mathrm{d}}^{*}\circ\dot{\boldsymbol{\rho}}_{\mathrm{d}}^{\mathrm{C}}\circ\boldsymbol{q}_{\mathrm{d}}$。因此,$\hat{\boldsymbol{\omega}}_{\mathrm{d}}^{\mathrm{d}}$ 简化为

$$\hat{\boldsymbol{\omega}}_{\mathrm{d}}^{\mathrm{d}}=\boldsymbol{\omega}_{\mathrm{d}}^{\mathrm{d}}+\epsilon(\boldsymbol{q}_{\mathrm{d}}^{*}\circ\dot{\boldsymbol{\rho}}_{\mathrm{d}}^{\mathrm{C}}\circ\boldsymbol{q}_{\mathrm{d}})\tag{5.16}$$

对式(5.16)求导得到期望动力学方程,即

$$\dot{\hat{\boldsymbol{\omega}}}_{\mathrm{d}}^{\mathrm{d}}=\dot{\boldsymbol{\omega}}_{\mathrm{d}}^{\mathrm{d}}+\epsilon[\boldsymbol{q}_{\mathrm{d}}^{*}\circ\ddot{\boldsymbol{\rho}}_{\mathrm{d}}^{\mathrm{C}}\circ\boldsymbol{q}_{\mathrm{d}}+(\boldsymbol{q}_{\mathrm{d}}^{*}\circ\dot{\boldsymbol{\rho}}_{\mathrm{d}}^{\mathrm{C}}\circ\boldsymbol{q}_{\mathrm{d}})\times\boldsymbol{\omega}_{\mathrm{d}}^{\mathrm{d}}]\tag{5.17}$$

至此,相对运动期望运动学和动力学模型分别如式(5.13)和式(5.17)所示。

3. *误差运动学与动力学模型*

定义当前对偶四元数 $\hat{\boldsymbol{q}}$ 与期望对偶四元数$\hat{\boldsymbol{q}}_{\mathrm{d}}$ 间的误差对偶四元数为

$$\hat{\boldsymbol{q}}_{\mathrm{e}}=\hat{\boldsymbol{q}}_{\mathrm{d}}^{*}\circ\hat{\boldsymbol{q}}=\boldsymbol{q}_{\mathrm{e}}+\epsilon(\boldsymbol{q}_{\mathrm{e}}\circ\boldsymbol{\rho}_{\mathrm{e}}^{\mathrm{b}})/2\tag{5.18}$$

类似地,误差运动学模型为

$$\begin{cases}\dot{\hat{\boldsymbol{q}}}_{\mathrm{e}}=(\hat{\boldsymbol{q}}_{\mathrm{e}}\circ\hat{\boldsymbol{\omega}}_{\mathrm{e}}^{\mathrm{b}})/2\\ \hat{\boldsymbol{\omega}}_{\mathrm{e}}^{\mathrm{b}}=\boldsymbol{\omega}_{\mathrm{e}}^{\mathrm{b}}+\epsilon\boldsymbol{v}_{\mathrm{e}}^{\mathrm{b}}=\boldsymbol{\omega}_{\mathrm{e}}^{\mathrm{b}}+\epsilon(\dot{\boldsymbol{\rho}}_{\mathrm{e}}^{\mathrm{b}}+\boldsymbol{\omega}_{\mathrm{e}}^{\mathrm{b}}\times\boldsymbol{\rho}_{\mathrm{e}}^{\mathrm{b}})\end{cases}\tag{5.19}$$

注意到,$\hat{\boldsymbol{\omega}}_{\mathrm{e}}^{\mathrm{b}}=\hat{\boldsymbol{\omega}}^{\mathrm{b}}-\hat{\boldsymbol{\omega}}_{\mathrm{d}}^{\mathrm{b}}=\hat{\boldsymbol{\omega}}^{\mathrm{b}}-\hat{\boldsymbol{q}}_{\mathrm{e}}^{*}\circ\hat{\boldsymbol{\omega}}_{\mathrm{d}}^{\mathrm{d}}\circ\hat{\boldsymbol{q}}_{\mathrm{e}}$。根据式(5.8),误差动力学模型为

$$\begin{aligned}\dot{\hat{\boldsymbol{\omega}}}_{\mathrm{e}}^{\mathrm{b}}&=\dot{\hat{\boldsymbol{\omega}}}^{\mathrm{b}}-\hat{\boldsymbol{q}}_{\mathrm{e}}^{*}\circ\dot{\hat{\boldsymbol{\omega}}}_{\mathrm{d}}^{\mathrm{d}}\circ\hat{\boldsymbol{q}}_{\mathrm{e}}+\hat{\boldsymbol{\omega}}_{\mathrm{e}}^{\mathrm{b}}\times\hat{\boldsymbol{\omega}}_{\mathrm{d}}^{\mathrm{b}}\\&=\boldsymbol{M}^{-1}\star[\hat{\boldsymbol{F}}_{\mathrm{c}}^{\mathrm{b}}+\hat{\boldsymbol{F}}_{\mathrm{g}}^{\mathrm{b}}+\hat{\boldsymbol{F}}_{\mathrm{p}}^{\mathrm{b}}-\hat{\boldsymbol{\omega}}_{\mathrm{D}}^{\mathrm{b}}\times(\boldsymbol{M}\star\hat{\boldsymbol{\omega}}_{\mathrm{D}}^{\mathrm{b}})]\\&\quad-\hat{\boldsymbol{q}}^{*}\circ\dot{\hat{\boldsymbol{\omega}}}_{\mathrm{C}}^{\mathrm{C}}\circ\hat{\boldsymbol{q}}+\hat{\boldsymbol{\omega}}^{\mathrm{b}}\times\hat{\boldsymbol{\omega}}_{\mathrm{C}}^{\mathrm{b}}-\hat{\boldsymbol{q}}_{\mathrm{e}}^{*}\circ\dot{\hat{\boldsymbol{\omega}}}_{\mathrm{d}}^{\mathrm{d}}\circ\hat{\boldsymbol{q}}_{\mathrm{e}}+\hat{\boldsymbol{\omega}}_{\mathrm{e}}^{\mathrm{b}}\times\hat{\boldsymbol{\omega}}_{\mathrm{d}}^{\mathrm{b}}\end{aligned}\tag{5.20}$$

式中,$\dot{\hat{\boldsymbol{\omega}}}_{\mathrm{C}}^{\mathrm{C}}$ 由主航天器轨道决定,$\dot{\hat{\boldsymbol{\omega}}}_{\mathrm{d}}^{\mathrm{d}}$ 如式(5.17)所示。$\hat{\boldsymbol{F}}_{j}^{\mathrm{b}}=\boldsymbol{F}_{j}^{\mathrm{b}}+\epsilon\boldsymbol{\tau}_{j}^{\mathrm{b}}(j=\mathrm{c},\mathrm{g},\mathrm{p})$。

式(5.19)和式(5.20)的实部分别对应于相对姿态误差运动学和动力学方程,即

$$\dot{\boldsymbol{q}}_{\mathrm{e}}=(1/2)\boldsymbol{\Theta}(\boldsymbol{q}_{\mathrm{e}})\boldsymbol{\omega}_{\mathrm{e}}^{\mathrm{b}} \tag{5.21}$$

$$\begin{aligned}\dot{\boldsymbol{\omega}}_{\mathrm{e}}^{\mathrm{b}}=&-\boldsymbol{J}^{-1}[\boldsymbol{\omega}^{\mathrm{b}}+\boldsymbol{T}(\boldsymbol{q})\boldsymbol{\omega}_{\mathrm{C}}^{\mathrm{C}}]\times\{\boldsymbol{J}[\boldsymbol{\omega}^{\mathrm{b}}+\boldsymbol{T}(\boldsymbol{q})\boldsymbol{\omega}_{\mathrm{C}}^{\mathrm{C}}]\}\\&+\boldsymbol{J}^{-1}(\boldsymbol{\tau}_{\mathrm{g}}^{\mathrm{b}}+\boldsymbol{\tau}_{\mathrm{c}}^{\mathrm{b}}+\boldsymbol{\tau}_{\mathrm{p}}^{\mathrm{b}})-\boldsymbol{T}(\boldsymbol{q})\dot{\boldsymbol{\omega}}_{\mathrm{C}}^{\mathrm{C}}+\boldsymbol{\omega}^{\mathrm{b}}\times[\boldsymbol{T}(\boldsymbol{q})\boldsymbol{\omega}_{\mathrm{C}}^{\mathrm{C}}]\\&-\boldsymbol{T}(\boldsymbol{q}_{\mathrm{e}})\dot{\boldsymbol{\omega}}_{\mathrm{d}}^{\mathrm{d}}+\boldsymbol{\omega}_{\mathrm{e}}^{\mathrm{b}}\times[\boldsymbol{T}(\boldsymbol{q}_{\mathrm{e}})\boldsymbol{\omega}_{\mathrm{d}}^{\mathrm{d}}]\end{aligned} \tag{5.22}$$

式中，

$$\boldsymbol{\Theta}(\boldsymbol{q})=\begin{bmatrix}q_4\ \boldsymbol{I}_{3\times3}+\bar{\boldsymbol{q}}^{\times}\\-\bar{\boldsymbol{q}}^{\mathrm{T}}\end{bmatrix},\quad \boldsymbol{T}(\boldsymbol{q})=\begin{bmatrix}\bar{\boldsymbol{T}}(\boldsymbol{q}) & \boldsymbol{0}_{3\times1}\\\boldsymbol{0}_{1\times3} & 1\end{bmatrix} \tag{5.23}$$

式中，$\bar{\boldsymbol{T}}(\boldsymbol{q})=(q_4^2-\bar{\boldsymbol{q}}^{\mathrm{T}}\bar{\boldsymbol{q}})\boldsymbol{I}_{3\times3}+2\bar{\boldsymbol{q}}\ \bar{\boldsymbol{q}}^{\mathrm{T}}-2q_4[\bar{\boldsymbol{q}}^{\times}]$为姿态转换矩阵[150]，$[\bar{\boldsymbol{q}}^{\times}]$为 3×3 反对称矩阵，满足 $\bar{\boldsymbol{a}}\times\bar{\boldsymbol{b}}=[\bar{\boldsymbol{a}}^{\times}]\bar{\boldsymbol{b}}$。

同时，式(5.19)和式(5.20)的对偶部分别表示相对轨道误差运动学和动力学方程，即

$$\boldsymbol{v}_{\mathrm{e}}^{\mathrm{b}}=\dot{\boldsymbol{\rho}}_{\mathrm{e}}^{\mathrm{b}}+\boldsymbol{\omega}_{\mathrm{e}}^{\mathrm{b}}\times\boldsymbol{\rho}_{\mathrm{e}}^{\mathrm{b}} \tag{5.24}$$

$$\begin{aligned}\dot{\boldsymbol{v}}_{\mathrm{e}}^{\mathrm{b}}=&-[\boldsymbol{\omega}^{\mathrm{b}}+\boldsymbol{T}(\boldsymbol{q})\boldsymbol{\omega}_{\mathrm{C}}^{\mathrm{C}}]\times[\boldsymbol{v}^{\mathrm{b}}+\boldsymbol{T}(\boldsymbol{q})\boldsymbol{v}_{\mathrm{C}}^{\mathrm{C}}+\boldsymbol{T}(\boldsymbol{q})\boldsymbol{\omega}_{\mathrm{C}}^{\mathrm{C}}\times\boldsymbol{\rho}^{\mathrm{b}}]\\&+m^{-1}(\boldsymbol{F}_{\mathrm{g}}+\boldsymbol{F}_{\mathrm{c}}+\boldsymbol{F}_{\mathrm{p}})-\boldsymbol{T}(\boldsymbol{q})\dot{\boldsymbol{v}}_{\mathrm{C}}^{\mathrm{C}}-\boldsymbol{T}(\boldsymbol{q})\dot{\boldsymbol{\omega}}_{\mathrm{C}}^{\mathrm{C}}\times\boldsymbol{\rho}^{\mathrm{b}}\\&+\boldsymbol{v}^{\mathrm{b}}\times[\boldsymbol{T}(\boldsymbol{q})\boldsymbol{\omega}_{\mathrm{C}}^{\mathrm{C}}]+\boldsymbol{\omega}^{\mathrm{b}}\times[\boldsymbol{T}(\boldsymbol{q})\boldsymbol{v}_{\mathrm{C}}^{\mathrm{C}}+\boldsymbol{T}(\boldsymbol{q})\boldsymbol{\omega}_{\mathrm{C}}^{\mathrm{C}}\times\boldsymbol{\rho}^{\mathrm{b}}]\\&-\boldsymbol{T}(\boldsymbol{q}_{\mathrm{e}})\dot{\boldsymbol{v}}_{\mathrm{d}}^{\mathrm{d}}-\boldsymbol{T}(\boldsymbol{q}_{\mathrm{e}})\dot{\boldsymbol{\omega}}_{\mathrm{d}}^{\mathrm{d}}\times\boldsymbol{\rho}_{\mathrm{e}}^{\mathrm{b}}+\boldsymbol{v}_{\mathrm{e}}^{\mathrm{b}}\times[\boldsymbol{T}(\boldsymbol{q}_{\mathrm{e}})\boldsymbol{\omega}_{\mathrm{d}}^{\mathrm{d}}]\\&+\boldsymbol{\omega}_{\mathrm{e}}^{\mathrm{b}}\times[\boldsymbol{T}(\boldsymbol{q}_{\mathrm{e}})\boldsymbol{v}_{\mathrm{d}}^{\mathrm{d}}+\boldsymbol{T}(\boldsymbol{q}_{\mathrm{e}})\boldsymbol{\omega}_{\mathrm{d}}^{\mathrm{d}}\times\boldsymbol{\rho}_{\mathrm{e}}^{\mathrm{b}}]\end{aligned} \tag{5.25}$$

综上，本节采用对偶四元数表述方法，建立了航天器相对姿轨耦合运动的运动学模型与动力学模型。可见，以对偶四元数表征航天器相对姿轨耦合运动形式更为简洁。在运动学与动力学方程中，实部对应相对姿态误差运动学与动力学方程，对偶部对应相对轨道误差运动学与动力学方程。

5.2 姿轨一体化控制

基于 5.1 节推导得到的姿轨一体化动力学模型，针对洛伦兹航天器姿轨运动的强耦合性以及强非线性特点，本节研究洛伦兹航天器姿轨一体化控制方法，主要研究内容如下。

(1)设计闭环控制器，实现六自由度姿轨一体化控制，保证有界外部扰动条件下的闭环系统渐近稳定性。

(2)推导混合控制输入(各导体球带电量、推力器推力以及线圈磁矩)的最优配比关系,实现洛伦兹航天器姿轨耦合控制。

5.2.1　控制器设计

设计滑模面为

$$\hat{\boldsymbol{s}}=\hat{\boldsymbol{\omega}}_{\mathrm{e}}^{\mathrm{b}}+\boldsymbol{C}\star\hat{\boldsymbol{q}}_{\mathrm{e}} \tag{5.26}$$

式中,

$$\boldsymbol{C}=\begin{bmatrix}\boldsymbol{C}_{\mathrm{r}} & \boldsymbol{0}_{4\times4}\\ \boldsymbol{0}_{4\times4} & \boldsymbol{C}_{\mathrm{d}}\end{bmatrix} \tag{5.27}$$

$$\boldsymbol{C}_{\mathrm{r}}=\begin{bmatrix}c_{\mathrm{r}}\boldsymbol{I}_{3\times3} & \boldsymbol{0}_{3\times1}\\ \boldsymbol{0}_{1\times3} & 0\end{bmatrix},\quad \boldsymbol{C}_{\mathrm{d}}=\begin{bmatrix}c_{\mathrm{d}}\boldsymbol{I}_{3\times3} & \boldsymbol{0}_{3\times1}\\ \boldsymbol{0}_{1\times3} & 0\end{bmatrix} \tag{5.28}$$

式中,$c_{\mathrm{r}}>0$ 和 $c_{\mathrm{d}}>0$ 为控制参数。

由$\dot{\hat{\boldsymbol{s}}}=\hat{\boldsymbol{0}}$可推得等效控制$\hat{\boldsymbol{F}}_{\mathrm{ceq}}^{\mathrm{b}}$为

$$\hat{\boldsymbol{F}}_{\mathrm{ceq}}^{\mathrm{b}}=\boldsymbol{M}^{-1}\star\{-\hat{\boldsymbol{f}}^{\mathrm{b}}-\boldsymbol{C}\star[(\hat{\boldsymbol{q}}_{\mathrm{e}}\circ\hat{\boldsymbol{\omega}}_{\mathrm{e}}^{\mathrm{b}})/2]\}+\hat{\boldsymbol{\omega}}_{\mathrm{D}}^{\mathrm{b}}\times(\boldsymbol{M}\star\hat{\boldsymbol{\omega}}_{\mathrm{D}}^{\mathrm{b}})-\hat{\boldsymbol{F}}_{\mathrm{g}}^{\mathrm{b}} \tag{5.29}$$

式中,

$$\hat{\boldsymbol{f}}^{\mathrm{b}}=-\hat{\boldsymbol{q}}^{*}\circ\dot{\hat{\boldsymbol{\omega}}}_{\mathrm{C}}^{\mathrm{C}}\circ\hat{\boldsymbol{q}}+\hat{\boldsymbol{\omega}}^{\mathrm{b}}\times\hat{\boldsymbol{\omega}}_{\mathrm{C}}^{\mathrm{b}}-\hat{\boldsymbol{q}}_{\mathrm{e}}^{*}\circ\dot{\hat{\boldsymbol{\omega}}}_{\mathrm{d}}^{\mathrm{d}}\circ\hat{\boldsymbol{q}}_{\mathrm{e}}+\hat{\boldsymbol{\omega}}_{\mathrm{e}}^{\mathrm{b}}\times\hat{\boldsymbol{\omega}}_{\mathrm{d}}^{\mathrm{b}} \tag{5.30}$$

选取趋近律或切换控制$\hat{\boldsymbol{F}}_{\mathrm{cs}}^{\mathrm{b}}$为

$$\hat{\boldsymbol{F}}_{\mathrm{cs}}^{\mathrm{b}}=\boldsymbol{M}\star[-\boldsymbol{K}_{1}\star\hat{\boldsymbol{s}}-\boldsymbol{K}_{2}\star\mathrm{sgn}(\hat{\boldsymbol{s}})] \tag{5.31}$$

式中,

$$\boldsymbol{K}_{i}=\begin{bmatrix}k_{i\mathrm{r}}\boldsymbol{I}_{4\times4} & \boldsymbol{0}_{4\times4}\\ \boldsymbol{0}_{4\times4} & k_{i\mathrm{d}}\boldsymbol{I}_{4\times4}\end{bmatrix},\quad i=1,2 \tag{5.32}$$

式中,$k_{i\mathrm{r}}>0$ 和 $k_{i\mathrm{d}}>0(i=1,2)$为控制参数。其中,控制参数 $k_{2\mathrm{r}}$和 $k_{2\mathrm{d}}$满足

$$\begin{cases}k_{2\mathrm{r}}>\lambda_{\min}^{-1}(\bar{\boldsymbol{J}})\tau_{\mathrm{pm}}\\ k_{2\mathrm{d}}>m^{-1}F_{\mathrm{pm}}\end{cases} \tag{5.33}$$

式中,$\lambda_{\min}(\bar{\boldsymbol{J}})$为矩阵 $\bar{\boldsymbol{J}}$ 的最小特征值。

基于此,闭环控制律可总结为

$$\hat{\boldsymbol{F}}_{\mathrm{c}}^{\mathrm{b}}=\hat{\boldsymbol{F}}_{\mathrm{ceq}}^{\mathrm{b}}+\hat{\boldsymbol{F}}_{\mathrm{cs}}^{\mathrm{b}} \tag{5.34}$$

假设从航天器为洛伦兹航天器,为实现六自由度全驱动相对运动控制,由第 2 章与第 3 章分析可得,采用洛伦兹力与推力器控制力混合推力进行相对轨道控制,

由第 4 章分析可得，采用洛伦兹力矩与地磁力矩混合力矩进行相对姿态控制。因此，对应的控制输入分别为各导体球的带电量、推力器推力以及磁感线圈的磁矩。

由控制律式(5.34)得，控制力与控制力矩分别为$\bar{\boldsymbol{F}}_{\mathrm{c}}^{\mathrm{b}}$和$\bar{\boldsymbol{\tau}}_{\mathrm{c}}^{\mathrm{b}}$，即

$$\begin{cases}\bar{\boldsymbol{F}}_{\mathrm{c}}^{\mathrm{b}}=\bar{\boldsymbol{F}}_{\mathrm{L}}^{\mathrm{b}}+\bar{\boldsymbol{F}}_{\mathrm{T}}^{\mathrm{b}}\\ \bar{\boldsymbol{\tau}}_{\mathrm{c}}^{\mathrm{b}}=\bar{\boldsymbol{\tau}}_{\mathrm{L}}^{\mathrm{b}}+\bar{\boldsymbol{\tau}}_{\mathrm{M}}^{\mathrm{b}}\end{cases} \tag{5.35}$$

式中，$\bar{\boldsymbol{F}}_{\mathrm{L}}^{\mathrm{b}}$和$\bar{\boldsymbol{F}}_{\mathrm{T}}^{\mathrm{b}}$分别为洛伦兹力与推力器推力；$\bar{\boldsymbol{\tau}}_{\mathrm{L}}^{\mathrm{b}}$和$\bar{\boldsymbol{\tau}}_{\mathrm{M}}^{\mathrm{b}}$分别为洛伦兹力矩与地磁力矩。

由定理 2.2 分析可得，若控制力为$\bar{\boldsymbol{F}}_{\mathrm{c}}^{\mathrm{b}}$，则洛伦兹力与推力器推力的最优分配律为

$$\begin{cases}\bar{\boldsymbol{F}}_{\mathrm{L}}^{\mathrm{b}*}=[(\bar{\boldsymbol{F}}_{\mathrm{c}}^{\mathrm{b}}\cdot\bar{\boldsymbol{l}})/\|\bar{\boldsymbol{l}}\|^{2}]\bar{\boldsymbol{l}}\\ \bar{\boldsymbol{F}}_{\mathrm{T}}^{\mathrm{b}*}=\bar{\boldsymbol{F}}_{\mathrm{c}}^{\mathrm{b}}-\bar{\boldsymbol{F}}_{\mathrm{L}}^{\mathrm{b}*}\end{cases} \tag{5.36}$$

式中，从航天器的$\bar{\boldsymbol{l}}$可由主航天器处的$\bar{\boldsymbol{l}}$近似。由注 4.1 可得，$\bar{\boldsymbol{l}}$近似误差对系统的影响很小，对轨道的摄动作用可忽略不计。

定义$Q_{\mathrm{p}}^{*}=(\bar{\boldsymbol{F}}_{\mathrm{c}}^{\mathrm{b}}\cdot\bar{\boldsymbol{l}})/\|\bar{\boldsymbol{l}}\|^{2}$，由式(4.10)可得，最优洛伦兹力可表述为

$$\bar{\boldsymbol{F}}_{\mathrm{L}}^{\mathrm{b}*}=Q_{\mathrm{p}}^{*}\bar{\boldsymbol{l}}=\sum_{j=1}^{6}Q_{j}\bar{\boldsymbol{l}} \tag{5.37}$$

由 4.1.4 节分析可得，若控制力矩为$\bar{\boldsymbol{\tau}}_{\mathrm{c}}^{\mathrm{b}}$，则洛伦兹力矩与地磁力矩的最优分配律为

$$\begin{cases}\bar{\boldsymbol{\tau}}_{\mathrm{L}}^{\mathrm{b}*}=\bar{\boldsymbol{\tau}}_{\mathrm{c}}^{\mathrm{b}}-(\bar{\boldsymbol{\tau}}_{\mathrm{c}}^{\mathrm{b}}\cdot\bar{\boldsymbol{l}}^{0})\bar{\boldsymbol{l}}^{0}\\ \bar{\boldsymbol{\tau}}_{\mathrm{M}}^{\mathrm{b}*}=(\bar{\boldsymbol{\tau}}_{\mathrm{c}}^{\mathrm{b}}\cdot\bar{\boldsymbol{l}}^{0})\bar{\boldsymbol{l}}^{0}\end{cases} \tag{5.38}$$

式中，上标 0 表示单位矢量。

由式(4.9)得，若从航天器第 j 个导球体的带电量为Q_j，则洛伦兹力矩为

$$\bar{\boldsymbol{\tau}}_{\mathrm{L}}^{\mathrm{b}}=\sum_{j=1}^{6}Q_{j}\bar{\boldsymbol{r}}_{j}\times\bar{\boldsymbol{l}} \tag{5.39}$$

与 4.1.2 节中类似，假设六个导体球的安装位置为

$$\begin{cases}\bar{\boldsymbol{r}}_{1}=-\bar{\boldsymbol{r}}_{2}=r_{x}\bar{\boldsymbol{x}}^{0}\\ \bar{\boldsymbol{r}}_{3}=-\bar{\boldsymbol{r}}_{4}=r_{y}\bar{\boldsymbol{y}}^{0}\\ \bar{\boldsymbol{r}}_{5}=-\bar{\boldsymbol{r}}_{6}=r_{z}\bar{\boldsymbol{z}}^{0}\end{cases} \tag{5.40}$$

则对应产生的洛伦兹力矩为

$$\bar{\boldsymbol{\tau}}_{\mathrm{L}}^{\mathrm{b}}=\boldsymbol{\Lambda}\Delta\boldsymbol{Q}\times\bar{\boldsymbol{l}}=\bar{\boldsymbol{m}}_1\times\bar{\boldsymbol{l}} \tag{5.41}$$

式中，$\boldsymbol{\Lambda}=\mathrm{diag}(r_x,r_y,r_z)$为导体球安装矩阵；$\Delta\boldsymbol{Q}=[Q_1-Q_2\quad Q_3-Q_4\quad Q_5-Q_6]^{\mathrm{T}}$；$\bar{\boldsymbol{m}}_1=\boldsymbol{\Lambda}\Delta\boldsymbol{Q}$。由 4.1.4 节中分析可得，产生最优洛伦兹力矩$\bar{\boldsymbol{\tau}}_{\mathrm{L}}^{\mathrm{b}*}$ 对应的最优$\bar{\boldsymbol{m}}_1$ 输入矢量为

$$\bar{\boldsymbol{m}}_1^*=\|\bar{\boldsymbol{\tau}}_{\mathrm{L}}^{\mathrm{b}*}\|\cdot\|\bar{\boldsymbol{l}}\|^{-1}(\bar{\boldsymbol{l}}^0\times\bar{\boldsymbol{\tau}}_{\mathrm{L}}^{\mathrm{b}*0}) \tag{5.42}$$

由式(5.41)和式(5.42)可得，最优 $\Delta\boldsymbol{Q}$ 矢量为

$$\Delta\boldsymbol{Q}^*=[\Delta Q_{ax}^*\quad\Delta Q_{ay}^*\quad\Delta Q_{az}^*]^{\mathrm{T}}=\boldsymbol{\Lambda}^{-1}\bar{\boldsymbol{m}}_1^* \tag{5.43}$$

基于此，姿轨控制对带电量 Q_j 的约束分别如式(5.37)和式(5.43)所示，联立得到关于未知量 Q_j 的方程组，即

$$\begin{cases}\sum_{j=1}^{6}Q_j=Q_{\mathrm{p}}^*\\ Q_1-Q_2=\Delta Q_{ax}^*\\ Q_3-Q_4=\Delta Q_{ay}^*\\ Q_5-Q_6=\Delta Q_{az}^*\end{cases} \tag{5.44}$$

可见，方程组式(5.44)共有 4 个独立方程和 6 个未知数。显然，该方程组有无数组可行解，本节中选择的一种可行解为

$$\begin{cases}Q_1=(Q_{\mathrm{p}}^*/3+\Delta Q_{ax}^*)/2\\ Q_2=(Q_{\mathrm{p}}^*/3-\Delta Q_{ax}^*)/2\\ Q_3=(Q_{\mathrm{p}}^*/3+\Delta Q_{ay}^*)/2\\ Q_4=(Q_{\mathrm{p}}^*/3-\Delta Q_{ay}^*)/2\\ Q_5=(Q_{\mathrm{p}}^*/3+\Delta Q_{az}^*)/2\\ Q_6=(Q_{\mathrm{p}}^*/3-\Delta Q_{az}^*)/2\end{cases} \tag{5.45}$$

此外，考虑到地磁力矩$\bar{\boldsymbol{\tau}}_{\mathrm{M}}^{\mathrm{b}}=\bar{\boldsymbol{m}}_2\times\bar{\boldsymbol{B}}$，则由 4.1.4 节中分析可得，磁感线圈磁矩 $\bar{\boldsymbol{m}}_2$ 的最优值为

$$\bar{\boldsymbol{m}}_2^*=\|\bar{\boldsymbol{\tau}}_{\mathrm{M}}^{\mathrm{b}*}\|\cdot\|\bar{\boldsymbol{B}}\|^{-1}(\bar{\boldsymbol{B}}^0\times\bar{\boldsymbol{\tau}}_{\mathrm{M}}^{\mathrm{b}*0}) \tag{5.46}$$

因此，实现六自由度全驱动相对运动控制所需的带电量 Q_j、推力器推力$\bar{\boldsymbol{F}}_{\mathrm{T}}^{\mathrm{b}}$ 和磁感线圈磁矩$\bar{\boldsymbol{m}}_2$ 分别如式(5.45)、式(5.36)和式(5.46)所示。

综上，闭环控制系统框图如图 5.2 所示。

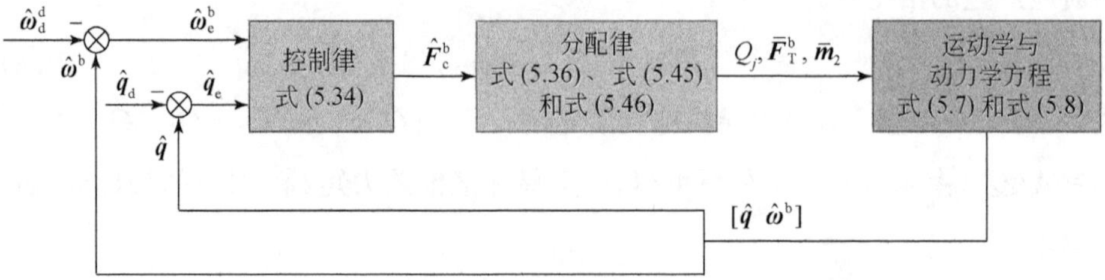

图 5.2 闭环控制系统框图

5.2.2 稳定性分析

闭环系统稳定性分析总结于如下定理。

定理 5.1 对于如式(5.7)和式(5.8)所示的 LASRM 姿轨一体化运动学和动力学方程，若滑模面如式(5.26)所示，控制律如式(5.34)所示，且混合控制输入分别如式(5.36)、式(5.45)和式(5.46)所示，则闭环系统渐近稳定。

证明 在以下证明中，所有对偶四元数都改写成矢量形式。例如，对偶四元数 $\hat{s}=s_r+\epsilon s_d$ 改写为 $\bar{s}=[s_r^T \quad s_d^T]^T\in\mathbf{R}^8$。考虑李雅普诺夫函数 $V_1=\bar{s}^T\bar{s}/2>0$ $(\forall\bar{s}\neq\mathbf{0})$。沿系统轨线对其求导可得

$$\dot{V}_1=\bar{s}^T[-K_1\bar{s}-K_2\mathrm{sgn}(\bar{s})+\bar{d}] \tag{5.47}$$

式中，扰动矢量 $\bar{d}=[d_r^T \quad d_d^T]^T$，$d_r=J^{-1}\tau_p^b$ 且 $d_d=m^{-1}F_p^b$。

由如式(5.33)所示的控制参数条件可得

$$\dot{V}_1\leqslant-\lambda_{\min}(K_1)\|\bar{s}\|^2<0,\quad\forall\bar{s}\neq\mathbf{0} \tag{5.48}$$

式(5.48)表明，系统轨迹将收敛至 $\bar{s}=\mathbf{0}$。随后，由式(5.26)得，系统动力学方程为

$$\begin{cases}\bar{\omega}_e^i+c_r\bar{q}_e=\mathbf{0}_{3\times1}\\ \dot{\bar{\rho}}_e^b+\bar{\omega}_e^b\times\bar{\rho}_e^b+c_d(q_{e4}\bar{\rho}_e^b+\bar{q}_e\times\bar{\rho}_e^b)=\mathbf{0}_{3\times1}\end{cases} \tag{5.49}$$

考虑另一李雅普诺夫函数 $V_2=2(1-q_{e4})>0(\forall q_{e4}\neq1)$。$V_2$ 的时间导数为

$$\dot{V}_2=-2\dot{q}_{e4}=-\bar{q}_e^T\,\omega_e^b=-c_r\,\bar{q}_e^T\,\bar{q}_e<0 \tag{5.50}$$

式(5.50)表明，当 $t\to\infty$ 时，$\bar{q}_e\to\mathbf{0}_{3\times1}$ 且 $q_{e4}\to1$。同时，由式(5.49)得，$\bar{\omega}_e^b\to\mathbf{0}_{3\times1}$。式(5.49)中的第二个方程可简化为

$$\dot{\bar{\rho}}_e^b+c_d\,\bar{\rho}_e^b=\mathbf{0}_{3\times1} \tag{5.51}$$

显然，式(5.51)为一阶系统，且在 $c_d>0$ 时渐近稳定。因此，$\bar{\boldsymbol{\rho}}_e^b$ 和 $\dot{\bar{\boldsymbol{\rho}}}_e^b$ 也将收敛至零。至此，已证明 $\hat{\boldsymbol{q}}_e$ 和 $\hat{\boldsymbol{\omega}}_e^b$ 均将收敛至平衡点，即闭环系统渐近稳定。

证毕。

5.2.3　数值仿真与分析

假设主航天器运行于 LEO 坐标系，且其初始时刻轨道根数如表 5.1 所示。假设初始时刻主从航天器构成半径为 0.5km 的空间圆轨道(general circular orbit, GCO)编队，该构形的表达式为

$$\begin{bmatrix} x \\ y \\ z \end{bmatrix} = \frac{r}{2}\begin{bmatrix} \sin(nt+\varphi_0) \\ 2\cos(nt+\varphi_0) \\ \sqrt{3}\sin(nt+\varphi_0) \end{bmatrix} \tag{5.52}$$

式中，r 为 GCO 构形的半径；n 为主航天器平均轨道角速度；t 为时间，且 φ_0 为初始时刻相位角。控制目标为在有界扰动环境中实现半径为 1.0km 的 GCO 编队重构，且完成姿态同步。

表 5.1　主航天器初始时刻轨道根数

轨道根数	数值
长半轴/km	6878.137
偏心率	0
轨道倾角/(°)	40
升交点赤经/(°)	60
纬度幅角/(°)	30

考虑到 J_2 摄动为 LEO 最主要的摄动力之一，引入 J_2 摄动作为外部扰动，以验证控制器性能。主从航天器受到的 J_2 摄动力表达式[123]为

$$\bar{\boldsymbol{F}}_J^I(\bar{\boldsymbol{R}}_i^I) = -m\frac{3\mu J_2 R_E^2}{2\|\bar{\boldsymbol{R}}_i^I\|^7}\begin{bmatrix} X_i^3+X_iY_i^2-4X_iZ_i^2 \\ X_i^2Y_i+Y_i^3-4Y_iZ_i^2 \\ 3X_i^2Z_i+3Y_i^2Z_i-2Z_i^3 \end{bmatrix},\quad i=\mathrm{C},\mathrm{D} \tag{5.53}$$

式中，$\bar{\boldsymbol{R}}_i^I=[X_i \quad Y_i \quad Z_i]^T$ 为航天器在 ECI 坐标系中的位置矢量，且上标 I 表示 ECI 坐标系，下标 C 或 D 表示主航天器或从航天器；$J_2=1.0826\times10^{-3}$ 为二阶带谐系数；R_E 为地球半径。J_2 摄动力在从航天器体坐标系中的表述可由坐标变换 $\bar{\boldsymbol{F}}_J^b=$

$\bar{\boldsymbol{T}}_{\mathrm{bI}}\bar{\boldsymbol{F}}_{\mathrm{J}}^{\mathrm{I}}$ 得到，其中，$\bar{\boldsymbol{T}}_{\mathrm{bI}}$为从 ECI 坐标系至从航天器体坐标系的转换矩阵。

此外，选取周期性扰动力矩为

$$\bar{\boldsymbol{\tau}}_{\mathrm{p}}^{\mathrm{b}}=\tau_{\mathrm{m}}\left[\sin(nt) \quad \cos(nt) \quad \cos(nt/2)\right]^{\mathrm{T}} \tag{5.54}$$

式中，τ_{m} 为常数。六自由度控制仿真参数总结于表 5.2。

表 5.2　六自由度控制仿真参数

类别	参数
初始状态	$r=0.5\mathrm{km}$，$\varphi_0=\pi/2$， $\bar{\boldsymbol{q}}(0)=[0.3 \quad 0.2 \quad 0.5]^{\mathrm{T}}$，$\bar{\boldsymbol{\omega}}_{1}^{\mathrm{b}}(0)=[-n \quad n \quad 0]^{\mathrm{T}}$
期望状态	$r=1.0\mathrm{km}$，$\varphi_0=3\pi/2$，$\bar{\boldsymbol{q}}_{\mathrm{d}}(0)=[-\sqrt{2}/2 \quad 0 \quad 0]^{\mathrm{T}}$， $\bar{\boldsymbol{\omega}}_{\mathrm{d}}^{\mathrm{b}}(t)=[n\sin(nt-\pi/3) \quad 0 \quad 0]^{\mathrm{T}}$
控制器	$k_{1\mathrm{r}}=10^{-2}$，$k_{1\mathrm{d}}=5\times10^{-3}$，$k_{2\mathrm{r}}=10^{-6}$，$k_{2\mathrm{d}}=10^{-6}$，$c_{\mathrm{r}}=10^{-2}$，$c_{\mathrm{d}}=3\times10^{-3}$
航天器	$m=10\mathrm{kg}$，$\bar{\boldsymbol{J}}=\mathrm{diag}(10,12,14)$，$\boldsymbol{\Lambda}=2\boldsymbol{I}_{3\times3}\mathrm{m}$

仿真结果如图 5.3～图 5.10 所示。图 5.3 和图 5.4 分别给出相对位置误差和相对速度误差轨迹。可见，初始误差在一个周期后收敛至零附近，稳态相对位置和相对速度的控制精度分别为 $10^{-1}\mathrm{m}$ 和 $10^{-4}\mathrm{m/s}$。图 5.5 给出实现轨道控制所需的控制力轨迹，且图 5.6 给出实现姿态同步所需的控制力矩轨迹。对应地，图 5.7～

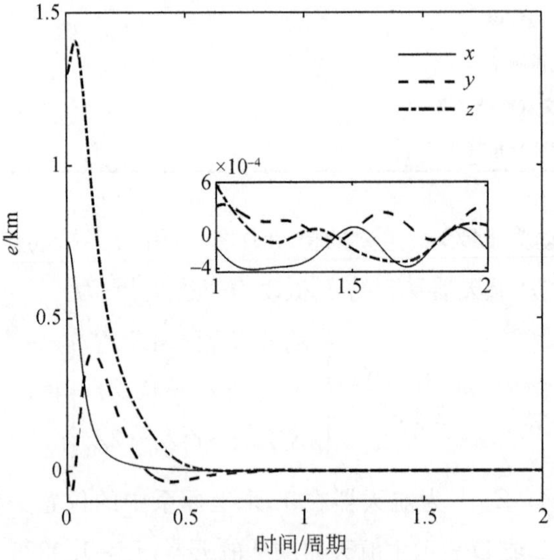

图 5.3　相对位置误差轨迹

图 5.9分别给出混合控制输入中的各导体球带电量、推力器推力以及线圈磁矩轨迹。可见,混合控制输入均在合理范围内。图 5.10 给出实现编队重构相对转移轨道,以及不同时刻从航天器体坐标系在主航天器轨道坐标系中的三轴姿态。

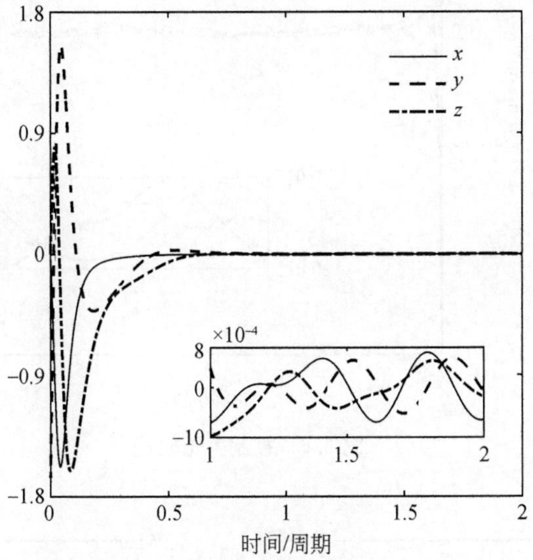

图 5.4　相对速度误差轨迹

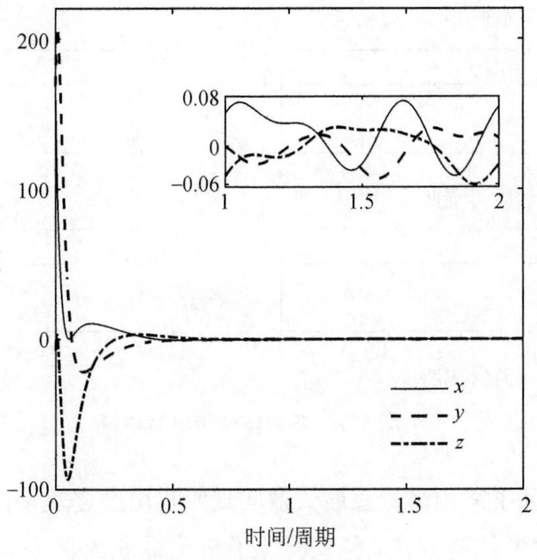

图 5.5　控制力轨迹

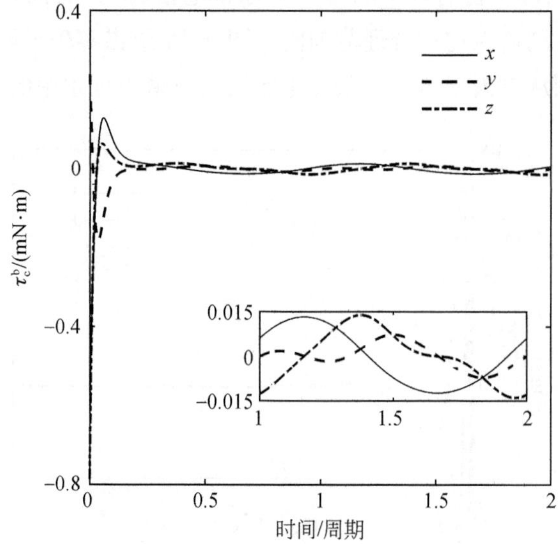

图 5.6　控制力矩轨迹

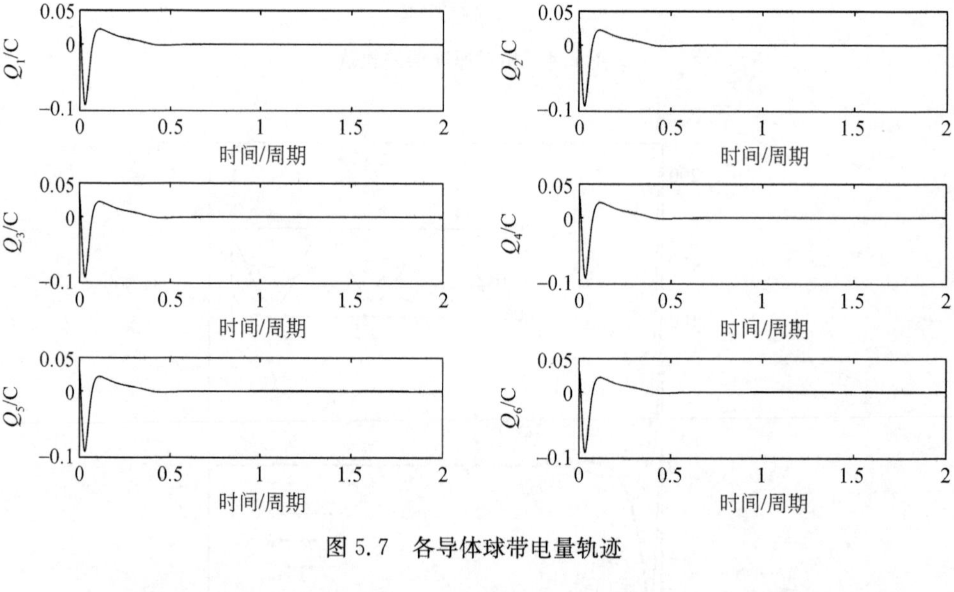

图 5.7　各导体球带电量轨迹

上述算例验证了采用洛伦兹航天器实现六自由度姿轨一体化控制的有效性。

综上，基于滑模控制方法，本节设计了洛伦兹航天器姿轨一体化控制器。同时，针对三轴正交构形洛伦兹航天器进行实现设计，解析推导了满足姿轨控制要求的导体球充电量约束方程，以及混合控制输入的最优分配律。基于理论分析与数

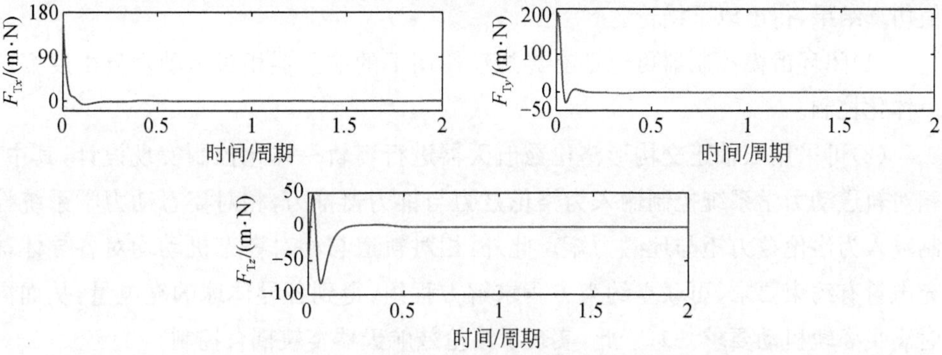

图 5.8　推力器推力轨迹

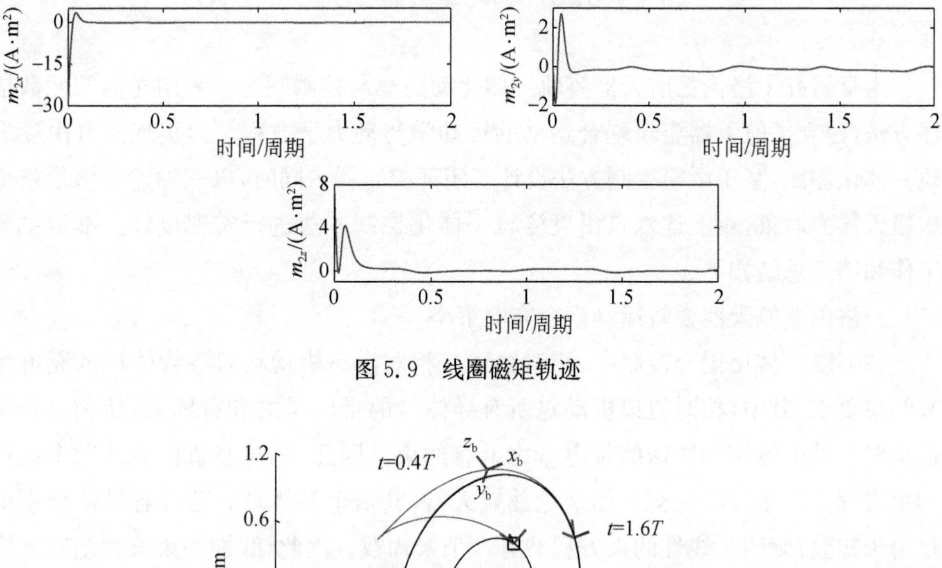

图 5.9　线圈磁矩轨迹

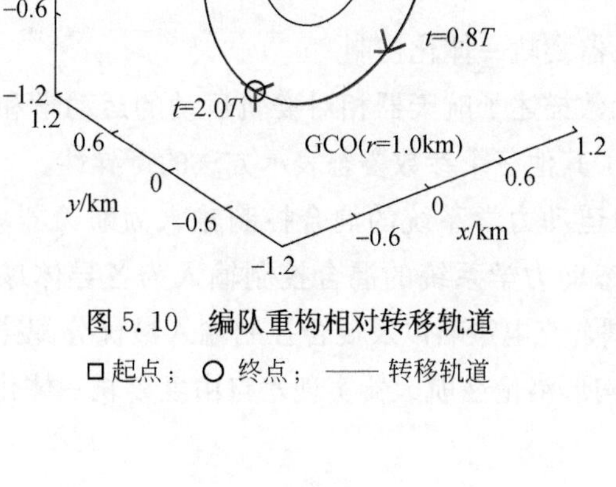

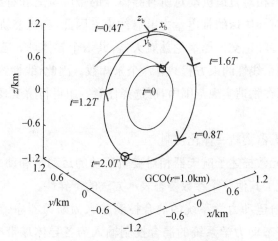

图 5.10　编队重构相对转移轨道

□起点；○ 终点；—— 转移轨道

值仿真结果,得出以下结论。

(1)闭环滑模控制器可保证有界扰动作用下的航天器相对运动六自由度姿轨一体化控制。

(2)可采用三轴正交构形洛伦兹航天器进行姿轨一体化控制实现设计,其中,相对轨道动力学系统控制输入为洛伦兹力与推力器推力,相对姿态动力学系统控制输入为洛伦兹力矩与地磁力矩。此外,相对轨道与相对姿态机动均对各导体球充电量有约束要求,可联立约束方程求解方程组,得到各导体球的充电量,从而同时满足姿轨机动要求。基于此,实现了洛伦兹航天器姿轨耦合控制。

5.3 本章小结

本章研究了洛伦兹航天器姿轨一体化动力学与控制问题。采用对偶四元数描述方法,建立了航天器姿轨耦合运动的运动学与动力学方程。为实现六自由度姿轨一体化控制,基于滑模控制方法设计了闭环控制器。同时,以三轴正交构形洛伦兹航天器为对象,对上述六自由度姿轨一体化控制方法进行实现设计。本章主要工作和结论总结如下。

1)洛伦兹航天器姿轨运动耦合充电策略

在姿轨一体化耦合控制中,相对轨道与相对姿态机动均对各导体球的充电量有约束要求,其中,相对轨道机动对所有导体球的带电量之和有约束,而相对姿态机动对三轴上每对导体球的带电量之差有约束。因此,相对姿轨机动共四个线性约束方程。对于三轴正交构形洛伦兹航天器,共六个导体球。若以各导体球带电量为未知数,则四个线性约束方程共有六个未知数。因此,线性约束方程组有无穷多组解。基于此,在物理实现范围内,可选择任意一组可行解实现洛伦兹航天器姿轨耦合控制。

2)洛伦兹航天器姿轨一体化控制

采用对偶四元数描述了航天器相对姿轨运动的运动学和动力学方程,形式更为简洁,而且避免了其他三个参数姿态表示方法的奇异性。

全驱动相对轨道动力学系统的混合控制输入为航天器净带电量与推力器推力,全驱动相对姿态动力学系统的混合控制输入为各导体球带电量与线圈磁矩。采用1)中的姿轨耦合充电策略以及混合控制输入最优分配律,可在有界扰动条件下,采用三轴正交构形洛伦兹航天器实现六自由度姿轨一体化控制。

参考文献

[1] Gangestad J W, Pollock G E, Longuski J M. Propellantless stationkeeping at Enceladus via the electromagnetic Lorentz force [J]. Journal of Guidance, Control, and Dynamics, 2009, 32 (5): 1466-1475.

[2] Atchison J A, Peck M A, Streetman B J. Lorentz accelerations in the Earth flyby anomaly [J]. Journal of Guidance, Control, and Dynamics, 2010, 33(4): 1115-1122.

[3] 彭超，高扬. 近圆参考轨道卫星编队洛伦兹力控制[J]. 力学学报，2012，44(5)：851-859.

[4] 陈小前，袁建平，姚雯，等. 航天器在轨服务技术[M]. 北京：中国宇航出版社，2010.

[5] Schaffer L, Burns J A. The dynamics of weakly charged dust: Motion through Jupiter's gravitational and magnetic fields[J]. Journal of Geophysical Research, 1987, 92(A3): 2264-2280.

[6] Schaffer L, Burns J A. Charged dust in planetary magnetospheres: Hamiltonian dynamics and numerical simulations for highly charged grains[J]. Journal of Geophysical Research, 1994, 99(A9): 211-217, 223.

[7] Burns J A, Schaffer L. Orbital evolution of circumplanetary dust by resonant charged variations[J]. Nature, 1989, 337(6205): 340-343.

[8] Peck M A. Propsects and challenges for Lorentz-augmented orbits [C]//AIAA Guidance, Navigation, and Control Conference and Exhibit, San Francsico, 2005.

[9] Gangestad J W, Pollock G E, Longuski J M. Analytical expressions that characterize propellantless capture with electrostatically charged spacecraft [J]. Journal of Guidance, Control, and Dynamics, 2011, 34(1): 247-258.

[10] Garrett H B, Whittlesey A C. Spacecraft charging, an update [J]. IEEE Transactions on Plasma Science, 2000, 28(6): 2017-2028.

[11] Pollock G E, Gangestad J W, Longuski J M. Inclination change in low-Earth orbit via the geomagnetic Lorentz force[J]. Journal of Guidance, Control, and Dynamics, 2010, 33(5): 1387-1395.

[12] 黄煦. 洛伦兹航天器动力学分析与控制[D]. 长沙：国防科技大学，2013.

[13] Peck M A, Streetman B, Saaj C M, et al. Spacecraft formation flying using Lorentz force [J]. Journal of the British Interplanetary Society, 2007, 60(7): 263-267.

[14] Gangestad J W, Pollock G E, Longuski J M. Lagrange's planetary equations for the motion of electrostatically charged spacecraft[J]. Celestial Mechanics and Dynamical Astronomy, 2010, 108(2): 125-145.

[15] 徐福祥，林华宝，侯深渊. 卫星工程概论[M]. 北京：中国宇航出版社，2004.

[16] 张皓，师鹏，李保军，等. 利用库仑力实现悬停轨道的新方法研究[J]. 宇航学报，2012，33

(1):68-75.

[17] 龚胜平,李俊峰.太阳帆航天器动力学与控制[M].北京:清华大学出版社,2015.

[18] Streetman B J. Lorentz-augmented orbit dynamics and mission design [D]. Ithaca: Cornell University, 2008.

[19] 赖旭芝,佘锦华,吴敏.欠驱动机械系统控制[M].北京:科学出版社,2013.

[20] Xin X, Liu Y. Control Design and Analysis for Underactuated Robotic Systems [M]. London: Springer, 2014.

[21] Choukchou-Braham A, Cherki B, Djemaï M, et al. Analysis and Control of Underactuated Mechanical Systems [M]. Basel: Springer, 2014.

[22] 屠善澄,陈义庆,严拱添,等.卫星姿态动力学与控制[M].北京:中国宇航出版社,2009.

[23] Wisniewski R, Blanke M. Fully magnetic attitude control for spacecraft subject to gravity gradient [J]. Automatica, 1999, 35:1201-1214.

[24] Lovera M, Marchi E D, Bittanti S. Periodic attitude control techniques for small satellites with magnetic actuators [J]. IEEE Transactions on Control Systems Technology, 2002, 10 (1):90-95.

[25] Sun Z, Yang X, Yang D. Active magnetic control methods for small satellites [J]. Journal of Aerospace Engineering, 2003, 16(1):38-44.

[26] Lovera M, Astolfi A. Spacecraft attitude control using magnetic actuators [J]. Automatica, 2004, 40(8):1405-1414.

[27] Silani E, Lovera M. Magnetic spacecraft attitude control: A survey and some new results [J]. Automatica, 2005, 13(3):357-371.

[28] Bhat S P. Controllability of nonlinear time-varying systems: Applications to spacecraft attitude control using magnetic actuation [J]. IEEE Transactions on Automatic Control, 2005, 50(11): 1725-1735.

[29] Lovera M, Astolfi A. Global magnetic attitude control of spacecraft in the presence of gravity gradient [J]. IEEE Transactions on Aerospace and Electronic Systems, 2006, 42 (3):796-805.

[30] Yan H, Ross I M, Alfriend K T. Pseudospectral feedback control for three-axis magnetic attitude stabilization in elliptic orbits [J]. Journal of Guidance, Control, and Dynamics, 2007, 30(4):1107-1115.

[31] Corno M, Lovera M. Spacecraft attitude dynamics and control in the presence of large magnetic residuals [J]. Control Engineering Practice, 2009, 17(4):456-468.

[32] Das S, Sinha M, Kumar K D, et al. Reconfigurable magnetic attitude control of Earth-pointing satellites [J]. Proceedings of the Institution of Mechanical Engineers, Part G: Journal of Aerospace Engineering, 2010, 224(12):1309-1326.

[33] Cheon Y, Lee S, Kim J. Fully magnetic devices-based control for gyrolesstarget pointing of a spinning spacecraft [J]. IEEE Transactions on Aerospace and Electronic Systems, 2010, 46(3): 1484-1491.

[34] Abdelrahman M, Chang I, Park S. Magnetic torque attitude control of a satellite using the state-dependent Riccatiequation technique [J]. International Journal of Non-Linear Mechanics, 2011, 46(5): 758-771.

[35] Avanzini G, Giulietti F. Magnetic detumbling of a rigid spacecraft [J]. Journal of Guidance, Control, and Dynamics, 2012, 35(4): 1326-1334.

[36] Zanchettin A M, Calloni A, Lovera M. Robust magnetic attitude control of satellites [J]. IEEE/ASCE Transactions on Mechatronics, 2013, 18(4): 1259-1268.

[37] Avanzini G, de Angelis E L, Giulietti F. Acquisition of a desired pure-spin condition for a magnetically actuated spacecraft [J]. Journal of Guidance, Control, and Dynamics, 2013, 36(6): 1816-1821.

[38] Ousaloo H S. Magnetic attitude control of dynamically unbalanced spinning spacecraft during orbit raising [J]. Journal of Aerospace Engineering, 2014, 27(2): 262-278.

[39] Roldugin D S, Testani P. Spin-stabilized satellite magnetic attitude control scheme without initial detumbling [J]. Acta Astronautica, 2014, 94(1): 446-454.

[40] Walker A R, Putman P T, Cohen K. Solely magnetic genetic/fuzzy-attitude-control algorithm for a cubesat[J]. Journal of Spacecraft and Rockets, 2015, 52(6): 1627-1639.

[41] Rodriquez-Vazquez A L, Martin-Prats M A, Bernelli-Zazzera F. Spacecraft magnetic attitude control using approximating sequence Riccatiequations [J]. IEEE Transactions on Aerospace and Electronic Systems, 2015, 51(4): 3374-3385.

[42] Zhou B. Global stabilization of periodic linear systems by bounded controls with applications to spacecraft magnetic attitude control [J]. Automatica, 2015, 60: 145-154.

[43] Cubas J, Farrahi A, Pindado S. Magnetic attitude control for satellites in polar or sun-synchronous orbits [J]. Journal of Guidance, Control, and Dynamics, 2015, 38(10): 1947-1958.

[44] Zavoli A, Giulietti F, Avanzini G, et al. Spacecraft dynamics under the action of Y-dot magnetic control law [J]. Acta Astronautica, 2016, 122: 146-158.

[45] Abdelrahman M, Park S Y. Spacecraft nonlinear estimation and control using magnetic measurements and actuation: A modified state-dependent Riccatiequation approach[C]// AIAA Guidance, Navigation, and Control Conference, Toronto, 2010.

[46] 李盛涛,郑晓泉,陈玉,等. 航天器带电原理——航天器与空间等离子体的相互作用[M]. 北京:科学出版社,2009.

[47] 信太林,张振龙,周飞. 航天器充电效应防护设计手册[M]. 北京:中国宇航出版社,2016.

[48] Lai S T. An overview of electron and ion beam effects in charging and discharging of spacecraft[J]. IEEE Transactions on Nuclear Science, 1989, 36(6): 2027-2032.

[49] Ferguson D C. New frontiers in spacecraft charging[J]. IEEE Transactions on Plasma Science, 2012, 40(2): 139-143.

[50] Streetman B, Peck M A. General bang-bang control method for Lorentz-augmented orbits [J]. Journal of Spacecraft and Rockets, 2010, 47(3): 484-492.

[51] Pollock G E, Gangestad J W, Longuski J M. Analytical solutions for the relative motion of spacecraft subject to Lorentz-force perturbations[J]. Acta Astronautica, 2011, 68(1-2): 204-217.

[52] Huang X, Yan Y, Zhou Y, et al. Nonlinear relative dynamics of Lorentz spacecraft about J_2-perturbed orbit [J]. Proceedings of the Institution of Mechanical Engineers, Part G: Journal of Aerospace Engineering, 2015, 229(3): 467-478.

[53] Streetman B, Peck M A. New synchronous orbits using the geomagnetic Lorentz force [J]. Journal of Guidance, Dynamics, and Control, 2007, 30(6): 1677-1690.

[54] Pollock G E, Gangestad J W, Longuski J M. Responsive coverage using propellantless satellites [C]//The 6th Responsive Space Conference, Los Angeles, 2008.

[55] Atchison J A, Peck M A. Lorentz-augmented Jovian orbit insertion[J]. Journal of Guidance, Control, and Dynamics, 2009, 32(2): 418-423.

[56] Streetman B, Peck M A. Gravity-assist maneuvers augmented by the Lorentz force[J]. Journal of Guidance, Control, and Dynamics, 2009, 32(5): 1639-1647.

[57] Clohessy W H, Wiltshire R S. Terminal guidance system for satellite rendezvous [J]. Journal of the Aerospace Sciences, 1960, 27(9): 653-658.

[58] Tschauner J, Hempel P. Rendezvous with a target in an elliptical orbit [J]. Astronautica Acta, 1965, 11: 104-109.

[59] Yamakawa H, Bando M, Yano K, et al. Spacecraft relative dynamics under the influence of geomagnetic Lorentz force [C]//AIAA/AAS Astrodynamics Specialist Conference, Toronto, 2010.

[60] Tsujii S, Bando M, Yamakawa H. Spacecraft formation flying dynamics and control using the geomagnetic Lorentz force [J]. Journal of Guidance, Control, and Dynamics, 2013, 36(1): 136-148.

[61] Anderson P V, Schaub H. *N*-impulse formation flying feedback control using nonsingular element description [J]. Journal of Guidance, Control, and Dynamics, 2014, 37(2): 540-548.

[62] Gaias G, D'Amico S. Impulsive maneuvers for formation reconfiguration using relative orbital elements [J]. Journal of Guidance, Control, and Dynamics, 2015, 38(6): 1036-1049.

[63] Roscoe C W T, Westphal J J, Griesbach J D, et al. Formation establishment and reconfiguration using differential elements in J_2-perturbed orbits [J]. Journal of Guidance, Control, and Dynamics, 2015, 38(9): 1725-1740.

[64] Sobiesiak L A, Damaren C J. Controllability of Lorentz-augmented spacecraft formations [J]. Journal of Guidance, Control, and Dynamics, 2015, 38(11): 2188-2195.

[65] Sobiesiak L A, Damaren C J. Optimal continuous/impulsive control for Lorentz-augmented spacecraft formations [J]. Journal of Guidance, Control, and Dynamics, 2015, 38(1): 151-156.

[66] Sobiesiak L A, Damaren C J. Lorentz-augmented spacecraft formation reconfiguration [J]. IEEE Transactions on Control Systems Technology, 2016, 24(2): 514-524.

[67] Peng C, Gao Y. Lorentz-force-perturbed orbits with application to J_2-invariant formation [J]. Acta Astronautica, 2012, 77: 12-28.

[68] Abdel-Aziz Y A. Attitude stabilization of a rigid spacecraft in the geomagnetic field [J]. Advances in Space Research, 2007, 40: 18-24.

[69] Abdel-Aziz Y A, Shoaib M. Numerical analysis of the attitude stability of a charged spacecraft in the pitch-roll-yaw directions [J]. International Journal of Aeronautical and Space Sciences, 2014, 15(1): 82-90.

[70] Abdel-Aziz Y A, Shoaib M. Attitude dynamics and control of spacecraft using geomagnetic Lorentz force [J]. Research in Astronomy and Astrophysics, 2015, 15(1): 127-144.

[71] Yamakawa H, Hachiyama S, Bando M. Attitude dynamics of a pendulum-shaped charged satellite[J]. Acta Astronautica, 2012, 70(1): 77-84.

[72] Giri D K, Sinha M. Magnetocoulombic attitude control of Earth-pointing satellites [J]. Journal of Guidance, Control, and Dynamics, 2014, 37(6): 1946-1960.

[73] Giri D K, Sinha M. Fault-tolerant attitude control of magneto-Coulombic satellites [J]. Acta Astronautica, 2015, 116: 254-270.

[74] Giri D K, Sinha M. Finite-time continuous sliding mode magneto-Coulombic satellite attitude control [J]. IEEE Transactions on Aerospace and Electronic Systems, 2016, 52(5): 2397-2412.

[75] 刘金琨,孙富春. 滑模变结构控制理论及其算法研究与进展[J]. 控制理论与应用,2007,24(3):407-418.

[76] 穆效江,陈阳舟. 滑模变结构控制理论研究综述[J]. 控制工程,2007,14(S2):1-5.

[77] 夏元清,付梦印,邓志红,等. 滑模控制和自抗扰控制的研究进展[J]. 控制理论与应用,2013,30(2):137-147.

[78] Liu J, Wang X. Advanced Sliding Mode Control for Mechanical Systems [M]. Berlin: Springer, 2012.

[79] Shtessel Y, Edwards C, Fridman L, et al. Sliding Mode Control and Observation [M]. New York: Springer, 2014.

[80] Alwi H, Edwards C, Tan C P. Fault Detection and Fault-Tolerant Control Using Sliding Modes [M]. London: Springer, 2011.

[81] Feng Y, Yu X, Man Z. Non-singular terminal sliding mode control of rigid manipulators [J]. Automatica, 2002, 38(12): 2159-2167.

[82] Yu X, Man Z. Fast terminal sliding-mode control design for nonlinear dynamical systems [J]. IEEE Transactions on Circuits and Systems-I: Fundamental Theory and Applications, 2002, 49(2): 261-264.

[83] Zou A, Kumar K D, Hou Z, et al. Finite-time attitude tracking control for spacecraft using terminal sliding mode and Chebyshev neural network[J]. IEEE Transactions on Systems, Man, and Cybernetics-Part B: Cybernetics, 2011, 41(4): 950-963.

[84] Imani A, Bahrami M. Optimal sliding mode control for spacecraft formation flying in eccentric orbits[J]. Proceedings of the Institution of Mechanical Engineers, Part I: Journal of Systems and Control Engineering, 2013, 227(5): 474-481.

[85] Utkin V, Shi J. Integral sliding mode in systems operating under uncertainty conditions [C]//The 35th Conference on Decision and Control, Kobe, 1996.

[86] Ginoya D, Shendge P D, Phadke S B. Sliding mode control for mismatched uncertain systems using an extended disturbance observer [J]. IEEE Transactions on Industrial Electronics, 2014, 61(4): 1983-1992.

[87] Hung J Y, Gao W, Hung J C. Variable structure control: A survey [J]. IEEE Transactions on Industrial Electronics, 1993, 40(1): 2-22.

[88] Young K D, Utkin V I, Özgüner Ü. A control engineer's guide to sliding mode control [J]. IEEE Transactions on Control System Technology, 1999, 7(3): 328-342.

[89] 赵琳，闫鑫，高帅和. 基于自适应快速终端滑模的航天器容错控制[J]. 系统工程与电子技术，2012，34(5)：982-988.

[90] 林壮，段广仁. 欠驱动刚体航天器姿态机动滑模控制研究[J]. 控制与决策，2010，25(3)：389-393.

[91] 马广富，刘刚，黄静. 欠驱动航天器姿态调节滑模控制[J]. 哈尔滨工业大学学报，2012，44(9)：1-6.

[92] 王冬霞，贾英宏，金磊，等. 欠驱动航天器姿态稳定的分层滑模控制器设计[J]. 宇航学报，2013，34(1)：17-24.

[93] Ran D, Sheng T, Wang Y, et al. Adaptive non-singular terminal fault-tolerant control for rigid spacecraft attitude maneuver [C]//The 36th Chinese Control Conference, Dalian, 2017.

[94] Ran D, Sheng T, Cao L, et al. Attitude control system design and on-orbit performance analysis of nano-satellite——"Tian Tuo 1"[J]. Chinese Journal of Aeronautics, 2014, 27(3): 593-601.

[95] Cao L, Chen X, Sheng T. Fault tolerant small satellite attitude control using adaptive non-singular terminal sliding mode[J]. Advances in Space Research, 2013, 51(12): 2374-2393.

[96] Cao L, Li X, Chen X, et al. Minimum sliding mode error feedback control for fault tolerant small satellite attitude control[J]. Advances in Space Research, 2014, 53(2): 309-324.

[97] Cao L, Chen Y, Chen X, et al. The design and analysis of non-singular terminal adaptive fuzzy sliding-mode controller[C]//American Control Conference, Montreal, 2012.

[98] 冉德超,陈小前,杨维维,等. 基于 RBF 网络的小卫星变结构姿态控制[C]//第 31 届中国控制会议,合肥,2012.

[99] 冉德超,绳涛,陈小前. 基于能耗最优的航天器姿态联合控制算法研究[C]//第 32 届中国控制会议,西安,2013.

[100] 冉德超,倪庆,绳涛,等. 基于自适应二阶终端滑模的航天器有限时间姿态机动算法[J]. 国防科技大学学报,2017,39(1):6-10.

[101] Zhao L, Jia Y. Decentralized adaptive attitude synchronization control for spacecraft formation using nonsingular fast terminal sliding mode[J]. Nonlinear Dynamics, 2014, 78(4): 2779-2794.

[102] Zhao L, Jia Y. Neural network-based distributed adaptivec attitude synchronization control of spacecraft formation under modified fast terminal sliding mode[J]. Neurocomputing, 2016, 171: 230-241.

[103] Wu B, Wang D, Poh E K. Decentralized robust adaptive control for attitude synchronization under directed communication topology[J]. Journal of Guidance, Control, and Dynamics, 2011, 34(4): 1276-1282.

[104] Wu B, Wang D, Poh E K. Decentralized sliding-mode control for spacecraft attitude synchronization under actuator failures[J]. Acta Astronautica, 2014, 105(1): 333-343.

[105] Liu H, Li J. Terminal sliding mode control for spacecraft formation flying [J]. IEEE Transactions on Aerospace and Electronic Systems, 2009, 45(3): 835-846.

[106] Ran D, Chen X, Misra A K. Finite time coordinated formation control for spacecraft formation flying under directed communication topology[J]. Acta Astronautica, 2017, 136: 125-136.

[107] Cao L, Chen X, Misra A K. Minimum sliding mode error feedback control for fault tolerant reconfigurable satellite formatons with J_2 perturbations[J]. Acta Astronautica, 2014, 96(1): 201-216.

[108] Feng L, Ni Q, Bai Y, et al. Optimal sliding mode control for spacecraft rendezvous with collision avoidance[C]//IEEE Congress on Evolutionary Computation, Vancouver, 2016.

[109] 冯丽程，白玉铸，陈小前. 航天器避障交会有限时间滑模控制[J]. 宇航学报，2016，37(11)：1342-1348.

[110] Ran D, Chen X, Misra A K, et al. Relative position coordinated control for spacecraft formation flying with communication delays[J]. Acta Astronautica，2017，137：302-311.

[111] Wu J, Liu K, Han D. Adaptive sliding mode control for six-DOF relative motion of spacecraft with input constraint [J]. Acta Astronautica，2013，87：64-76.

[112] Huang X, Yan Y, Zhou Y. Optimal spacecraft formation establishment and reconfiguration propelled by the geomagnetic Lorentz force [J]. Advances in Space Research，2014，54(11)：2318-2335.

[113] Yan Y, Huang X, Yang Y. Dynamics and Control of Lorentz-augmented Spacecraft Relative Motion [M]. Singapore：Springer，2017.

[114] Melton R G. Time-explicit representation of relative motion between elliptical orbits [J]. Journal of Guidance, Control, and Dynamics，2000，23(4)：604-610.

[115] Huang X, Yan Y, Zhou Y. Dynamics and control of spacecraft hovering using the geomagnetic Lorentz force[J]. Advances in Space Research，2014，53(3)：518-531.

[116] Huang X, Yan Y, Zhou Y, et al. Output feedback sliding mode control of Lorentz-augmented spacecraft hovering using neural networks [J]. Proceedings of the Institution of Mechanical Engineers, Part I：Journal of Systems and Control Engineering，2015，229(10)：939-948.

[117] Dang Z, Wang Z, Zhang Y. Modeling and analysis of relative hovering control for spacecraft[J]. Journal of Guidance, Control, and Dynamics，2014，37(4)：1091-1102.

[118] Huang X, Yan Y, Zhou Y. Neural network-based adaptive second order sliding mode control of Lorentz-augmented spacecraft formation[J]. Neurocomputing，2017，222：191-203.

[119] 方勇纯，卢桂章. 非线性系统理论[M]. 北京：清华大学出版社，2009.

[120] Feng Y, Yu X, Han F. On nonsingular terminal sliding-mode control of nonlinear systems [J]. Automatica，2013，49(6)：1715-1722.

[121] Huang X, Yan Y, Zhou Y. Adaptive fast nonsingular terminal sliding mode control of Lorentz-augmented spacecraft relative motion [J]. Proceedings of the Institution of Mechanical Engineers, Part G：Journal of Aerospace Engineering，2016，230(12)：2147-2161.

[122] Gurfil P. Relative motion between elliptic orbits：Generalized boundedness conditions and optimal formationkeeping[J]. Journal of Guidance, Control, and Dynamics，2005，28(4)：761-767.

[123] Damaren C J. Almost perodicrelative orbits under J_2 perturbations[J]. Proceedings of the Institution of Mechanical Engineers, Part G：Journal of Aerospace Engineering，2007，221(5)：767-774.

[124] Ang K H, Chong G, Li Y. PID control system analysis, design, and technology [J]. IEEE Transactions on Control Systems Technology, 2005, 13(4): 559-576.

[125] Li Y, Ang K H, Chong C Y. PID control system analysis and design [J]. IEEE Control Systems Magazine. 2006, 26(1): 32-41.

[126] Liu J. Radial Basis Function Neural Network Control for Mechanical Systems [M]. Berlin: Springer, 2013.

[127] Mefoued S. A second order sliding mode control and a neural network to drive a knee joint actuated orthosis [J]. Neurocomputing, 2015, 155: 71-79.

[128] Qi L, Shi H. Adaptive position tracking control of permanent magnet synchronous motor based on RBF fast terminal sliding mode control [J]. Neurocomputing, 2013, 115(8): 23-30.

[129] Ferrara A, Rubagotti M. A sub-optimal second order sliding mode controller for systems with suturing actuators [J]. IEEE Transactions Automatic Control, 2009, 54(5): 1082-1087.

[130] Levant A. Higher-order sliding modes, differentiation and output-feedback control [J]. International Journal of Control, 2003, 76(9-10): 924-941.

[131] Davila J, Fridman L, Levant A. Second-order sliding-mode observer for mechanical systems [J]. IEEE Transactions Automatic Control, 2005, 50(11): 1785-1789.

[132] Mondal S, Mahanta C. A fast converging robust controller using adaptive second order sliding mode [J]. ISA Transactions, 2012, 51(6): 713-721.

[133] Mondal S, Mahanta C. Adaptive second-order sliding mode controller for a twin rotor multi-input-multi-output systems [J]. IET Control Theory and Applications, 2012, 14(6): 2157-2167.

[134] Mondal S, Mahanta C. Adaptive second order terminal sliding mode controller for robotic manipulators [J]. Journal of the Franklin Institute, 2014, 351(4): 2356-2377.

[135] Das M, Mahanta C. Optimal second order sliding mode control for nonlinear uncertain systems [J]. ISA Transactions, 2014, 53(4): 1191-1198.

[136] Dinuzzo F, Ferrara A. Finite-time output stabilization with second order sliding modes [J]. Automatica, 2009, 45(9): 2169-2171.

[137] Shtessel Y B, Shkolnikov I A, Levant A. Smooth second-order sliding modes: Missile guidance application [J]. Automatica, 2007, 43(8): 1470-1476.

[138] Feng Y, Han X, Wang Y, et al. Second-order terminal sliding mode control of uncertain multivariable systems [J]. International Journal of Control, 2007, 80(6): 856-862.

[139] Sun T, Pei H, Pan Y, et al. Neural network-based sliding mode adaptive control for robot manipulators [J]. Neurocomputing, 2011, 74(14): 2377-2384.

[140] Varma S, Kumar K D. Multiple satellite formation flying using differential aerodynamic drag[J]. Journal of Spacecraft and Rockets,2012, 49(2):325-336.

[141] Kumar K D, Misra A K, Varma S, et al. Maintenance of satellite formations using environmental forces [J]. Acta Astronautica,2014, 102:341-354.

[142] Dierks T, Jagannathan S. Output feedback control of a quadrotor UAV using neural networks [J]. IEEE Transactions on Neural Networks,2010, 21(1):50-66.

[143] Dierks T, Jagannathan S. Neural network output feedback control of robot formations [J]. IEEE Transactions on Systems, Man, and Cybernetics-Part B:Cybernetics,2010, 40(2):383-399.

[144] Seshagiri S, Khalil H K. Output feedback control of nonlinear systems using RBF neural networks [J]. IEEE Transactions on Neural Networks,2000, 11(1):69-79.

[145] Yu S, Yu X, Shirinzadeh B, et al. Continuous finite-time control for robotic manipulators with terminal sliding mode[J]. Automatica,2005, 41(11):1957-1964.

[146] van M, Kang H, Suh Y. Second order sliding mode-based output feedback tracking control for uncertain robot manipulators [J]. International Journal of Advanced Robotic Systems, 2013, 10(16):1-9.

[147] Forbes J R, Damaren C J. Geometric approach to spacecraft attitude control using magnetic and mechanical actuation [J]. Journal of Guidance, Control, and Dynamics,2010, 33(2):590-595.

[148] de Angelis E L, Giulietti F, de Ruiter A H, et al. Spacecraft attitude control using magnetic and mechanical actuation [J]. Journal of Guidance, Control, and Dynamics, 2016, 39(3):564-573.

[149] Huang X, Yan Y. Fully actuated spacecraft attitude control via the hybrid magnetocoulombic and magnetic torques[J]. Journal of Guidance, Control, and Dynamics,2017,40(12):3353-3360.

[150] Zou A, Kumar K D, Hou Z. Quaternion-based adaptive output feedback attitude control of spacecraft using Chebyshev neural network[J]. IEEE Transactions on Neural Networks, 2010, 21(9):1457-1471.

[151] Kristiansen R, Nicklasson P J, Gravdahl J T. Spacecraft attitude control by quaternion-based backstepping [J]. IEEE Transactions on Control Systems Technology,2009, 17(1):227-232.

[152] Finlay C C, Maus S, Beggan C D, et al. International geomagnetic reference field: The eleventh generation [J]. Geophysical Journal International,2010, 183(3):1216-1230.

[153] Filipe N, Tsiotras P. Adaptive position and attitude-tracking controller for satellite proximity operations using dual quaternions [J]. Journal of Guidance, Control, and Dynamics,2015, 38(4):566-577.